马蹄实用栽培和加工技术

桂林市经济作物技术推广站
荔浦市农业农村局 编

广西科学技术出版社

图书在版编目（CIP）数据

马蹄实用栽培和加工技术 / 桂林市经济作物技术推广站，荔浦市农业农村局编 . —南宁：广西科学技术出版社，2020.3（2021.6 重印）

ISBN 978-7-5551-1405-5

Ⅰ.①马… Ⅱ.①桂… ②荔… Ⅲ.①荸荠—蔬菜园艺②荸荠—蔬菜加工 Ⅳ.①S645.3

中国版本图书馆CIP数据核字（2020）第158077号

MATI SHIYONG ZAIPEI HE JIAGONG JISHU

马蹄实用栽培和加工技术

桂林市经济作物技术推广站
荔浦市农业农村局　编

责任编辑：何杏华		助理编辑：陈诗英	
责任印制：韦文印		责任校对：吴书丽	
装帧设计：梁　良		排版助理：吴　康	

出　版　人：卢培钊
出　　　版：广西科学技术出版社
社　　　址：广西南宁市东葛路 66 号　　　邮政编码：530023
网　　　址：http://www.gxkjs.com
印　　　刷：三河市明华印务有限公司
地　　　址：三河市杨庄镇周庄子村
邮政编码：065200

开　　　本：889 mm × 1194 mm　1/32
字　　　数：110 千字　　　　　　　　印　　张：4
版　　　次：2020 年 3 月第 1 版
印　　　次：2021 年 6 月第 3 次印刷
书　　　号：ISBN 978-7-5551-1405-5
定　　　价：32.80 元

《马蹄实用栽培和加工技术》
编委会

主　　编：高立波

副 主 编：（按姓氏笔画排序）

于琴芝　伍永炎　刘广安　刘莉莉

江发茂　汤雪莲　李林超　李晓晖

邱祖杨　赵业盛　唐学军　梁　群

蒋玉梅　管　欢　廖红梅　潘　荣

编　　委：（按姓氏笔画排序）

王　刚　王卫平　王逢博　韦凤玲

韦慕贤　贝学武　玉章艳　石祖成

石家秋　龙　平　吕国成　朱继飞

刘贵川　牟　群　苏顺英　杜荔萍

李宗兰　杨干德　杨艺玲　杨芝霓

杨再兴　杨盈欢　杨雄生　何春红

张先兰　陈忠林　欧　利　周代姣

周先瑶　胡文发　秦凤琴　秦秋娥

莫志鹏　莫建军　莫春丽　莫星煜

唐　萍　黄性坤　黄桂英　蒋生发

蒋丽榕　蒋启斌　蒋爱军　蒋雪荣

覃冬香　蒙朝亿　雷贵明　廖龙艳

前　言

马蹄原产自中国南方和印度，在我国已有 2000 多年的栽培历史，现主要分布于江苏、安徽、浙江、广西、广东、福建等省（自治区）的水泽地区。其地下球茎为食用器官，因其营养丰富，味甜汁多，自古有"江南人参""地下雪梨"等美誉，是广西桂林等地的地方特色农产品，深受消费者青睐，马蹄产业也成为农民增收致富的产业之一。

近年来，编者对广西桂林等地的马蹄产业进行了深入的考察和调研，在广泛了解马蹄种植、加工等方面的现状基础上，在桂林荔浦、临桂、平乐等地广泛开展马蹄栽培管理和采收加工等方面的相关技术研究，总结了一些研究成果，组织编写成《马蹄实用栽培和加工技术》一书。书中涵盖了马蹄的分类和品种、生物学特征与生长环境条件、栽培与管理、病虫害防治、组培苗育苗技术、采收与贮藏加工等方面内容，为从事马蹄生产和加工工作者提供参考。

本书的编写得到了桂林市农业农村局、荔浦市农业农村局、临桂区农业农村局、平乐县农业农村局等单位的大力支持，并获得了许多宝贵的修改意见，在此表示衷心感谢！由于编者水平有限，难免有不足之处，恳请读者批评指正。

编委会

2019 年 9 月

目 录

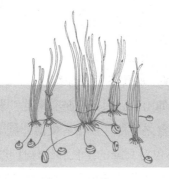

第一节　历史与分布

一、马蹄历史

马蹄，学名为荸荠，又名水栗、乌芋、凫茈、马薯、通天草等。属单子叶莎草科，为多年生宿根性草本植物，有细长的匍匐根状茎，在匍匐根状茎的顶端生块茎。早在公元前1世纪，古籍《尔雅》一书中就有马蹄的记载，称之为"凫茈"。到公元6世纪，贾思勰所著的《齐民要术》中已有关于马蹄栽培方法的记述。及至明代邝璠所撰，1502年出版的《便民图纂》一书中，对马蹄的栽培技术更是有了比较系统的记载，云："正月留种，种取大而正者，待芽生，埋泥缸内。二三月间，复移水田中，至茂盛，于小暑前分种，每科离五尺许，冬至前后起之，耘荡与种稻同，豆饼或粪皆可壅之。"书中对于马蹄的选留种、育苗、移栽、栽植密度、田间管理、施肥和采收等均做了简要的记述，至今仍可供参考。清代汪灏等编著，1708年出版的《广群芳谱》中，对马蹄的生物学特性也有描述，云："生浅水中，其苗三四月出土，一茎直立，上无枝叶，状如龙须，色正青，肥田生者粗似细葱，高二三尺。其本白蒻，秋后结根，大者如山楂、栗子，脐有聚毛，累累下生入泥底。野生者黑而小，食之多淬；种出者皮薄，色淡紫，肉白而大，软脆可食。"这不仅对马蹄的生长和结球性状有了清楚的认识，而且对马蹄野生种和栽培种的区别也作了明显的划分，表明当时对马蹄的栽培技术和实验又有了进一步的深化。

马蹄

二、马蹄分布

马蹄原产于我国南部及印度，现广布于全球，在我国栽培历史悠久，各地都有栽培，主要分布于热带和亚热带地区，是我国的重要水生蔬菜之一。桂林马蹄主产于荔浦市、平乐县、恭城瑶族自治县、临桂区等，年种植面积约 1 万公顷，年产量约 26 万吨。桂林马蹄个大、皮薄、色鲜、味甜、渣少，较大的单果重 35 克左右。桂林马蹄驰名国内外，是桂林传统的出口产品，加工制成的马蹄粉、糖水马蹄、马蹄糖、马蹄酒、马蹄粉丝等产品远销我国港澳地区和东南亚国家，广受消费者欢迎。

第二节　营养价值与用途

一、马蹄营养价值

马蹄的食用部位为地下匍匐茎先端膨大的球茎，球茎紫黑色，肉质洁白，味甜多汁，甜脆爽口。球茎富含淀粉，既可作水果生吃，又可作蔬菜食用。马蹄中的磷含量是所有茎类蔬菜中最高的，磷元素可以促进人体中营养物质的吸收，同时可以促进体内糖、脂肪、蛋白质三大物质的代谢，调节酸碱平衡。马蹄丰富的营养成分和独特的口感，使其成为受大众欢迎的食物。据其营养分析表明，每 100 克新鲜马蹄球茎中含有水分 74～85 克，蛋白质 0.8～1.5 克，碳水化合物 12.9～21.88 克（淀粉约占 1/2），脂肪 0.3 克，粗纤维 0.3 克，灰分 0.8 克，钙 4 毫克，磷 45 毫克，铁 0.8 毫克，还含有维生素 B_1、烟酸等多种维生素，以及胆碱、胡萝卜素等多种物质。桂林市马蹄产地的群众多以马蹄为主要的季节性水果，并用它招待客人和馈赠亲友。马蹄加工制品耐贮藏和运输。我国生产的马蹄大部分用于供应鲜销市场。近年来，随着对马蹄研究的深入和加工工艺的提高，用于加工的马蹄量逐年增加，利用范围也更广泛了。马蹄可加工成多种产品，常见的有清水马蹄罐头、马蹄粉、马蹄果肉饮料、糖马蹄、马蹄脯等，其中加工制成的清水马蹄罐头及马蹄粉不仅营养价值高，具有良好的保健作用，而且物美价廉，深受海外消费者喜爱，是我国重要的出口创汇产品之一。

清水马蹄罐头

马蹄糕

马蹄粉

马蹄佳肴

二、马蹄用途

马蹄还可供药用，其苗秧、根、果实均可入药，具有清热解毒、凉血生津、利尿通便、化湿祛痰、消食除胀等功效。马蹄球茎中含有一种不耐热的抗菌成分——荸荠英，又称马蹄黄，在马蹄果皮与果肉之间的部位富集比较多。《中药大辞典》中认为荸荠英是马蹄的主要活性物质，它对金黄色葡萄球菌、大肠杆菌和绿脓杆菌等菌类均有抑制作用，是防治急性肠胃炎的佳品。上海市肿瘤防治研究协作组在筛选中药时发现，马蹄的各种制剂在动物体内均有抑癌作用。《新加坡中医学报》曾介绍食用马蹄可治疗食道癌。马蹄还可以制成中药，如原江苏省南通制药厂利用马蹄的药用价值制成中成药王氏保赤丸，对调节小儿消化功能、防治腹泻有良好疗效。

第三节　生产现状与市场前景

一、生产现状

我国马蹄主要种植于长江流域及其以南各省、自治区、直辖市。据不完全统计，我国现有马蹄种植面积3万多公顷，年总产量在80万吨左右，主要供应国内鲜销市场，部分用于加工制作罐头、马蹄粉、饮料、蜜饯等。马蹄较耐贮藏、耐运输，每年销售期长达五六个月，对水果、蔬菜销售淡季起到一定的调节作用。马蹄亩 * 产量一般为 1500 ~ 2000 千克，产值达 1500 元以上。早稻和马蹄轮作与种植双季稻相比，每亩可增加纯收入 1500 元以上。

生长旺盛的马蹄

二、市场前景

我国一些地区生产的清水马蹄罐头和马蹄粉已成为当地的主要出口创汇产品，深受欧美国家、日本、韩国、东南亚各国和我国香港、澳门特别行政区消费者的欢迎，产品供不应求。目前我国已成为世界上最大的马蹄罐头及马蹄粉出口国家。随着马蹄及其加工产品在国际、国内市场上的畅销，产品市场价格不断上涨，马蹄加工企业逐渐增多，产销两旺的形势刺激着种植户和地方政府的积极性，马蹄产业出现了

---

* "亩"为市制非法定计量单位，为方便阅读，本书仍保留"亩"。1 亩 =1/15 公顷 ≈ 666.67 平方米。

强劲的发展势头。因此，因地制宜地大力发展马蹄产业，可以推动农村产业结构调整和实现出口创汇，取得良好的社会效益和经济效益。

马蹄市场

第四节 分类和品种

一、马蹄分类

马蹄在园艺学上主要分为野生类型和栽培类型两个大类。野生类型的特征是叶状茎较细、较矮，球茎较小；栽培类型的特征是叶状茎较粗、较高，球茎较大。栽培类型的马蹄植株地上部分形态很相似，主要区别表现在地下球茎的形态、色泽和内在品质方面；其球茎皮以红色为基本色泽，可分为深红色、红褐色、棕红色、红黑色。球茎外部形态上的区别在于球茎的顶芽有尖与钝之分，球茎的底部有凹脐与平脐之分，一般顶芽尖的为平脐，球茎小，肉质较粗老，含淀粉多，较耐贮藏，宜熟食或加工制粉，如广州水马蹄；顶芽较粗钝的为凹脐，含水分和可溶性固形物多，肉质脆嫩，味甜，含淀粉少，渣少，宜生食或加工成罐头。

二、马蹄品种

目前大多数马蹄栽培品种为凹脐，桂林主要的优良品种有以下几种。

1. 桂蹄 1 号。由广西农业科学院生物技术研究所选育。该品种分蘖力强，抗逆及抗病性较好，高产、优质、商品性好，球茎果型好、皮薄、多汁、化渣、脆甜、个大均匀、大中果率高，一般产量为 2500～3000 千克/亩，高产的可达 4000 千克/亩。

2. 桂蹄 2 号。由广西农业科学院生物技术研究所选育。该品种分蘖力强，抗逆及抗病性较好，不易感秆枯病，高产、优质、商品性好，球茎果型好、皮稍厚、肉质稍粗，耐贮藏、耐运输。苗期 25 天，大田繁苗期 50～60 天，大田生育期 140～150 天，繁殖系数 20 倍。叶状茎颜色浓绿，花穗形成较早，植株高度 95～105 厘米。球茎大，呈扁球形，脐微凹，横径 3.5～5.5 厘米，纵径约 2.5 厘米，匍匐茎粗 0.5 厘米，平均单球茎重 26 克，最大的达 50 克。鲜球茎总糖含量约 6%，淀粉含量约 7%，一般产量为 2500～3000 千克/亩，大中果率高。该品种以鲜食为主，也适用于加工。

3. 桂蹄 3 号。由广西农业科学院生物技术研究所选育。

该品种是从"桂蹄2号"优选单株而来,生长势与抗病性比"桂蹄2号"强,亩产量高,果型及品质与"桂蹄2号"差不多,是目前代替"桂蹄2号"的最佳品种。植株高度90～110厘米,花穗长度3.1～4.8厘米;叶状茎颜色深绿,粗0.5～0.6厘米;匍匐茎粗0.4～0.7厘米,单株匍匐茎4～7条;球茎大,呈近圆形,脐平、芽粗,红棕色,横径3.5～5.9厘米,纵径2.5～3.0厘米,平均单球茎重26克,最大单球茎重50克以上。

4.桂粉蹄1号。由广西农业科学院生物技术研究所选育。采用单株选择与生物技术——茎尖组培脱毒技术结合培育而成的淀粉专用型马蹄新品种,是国内首个选育出的淀粉专用型马蹄新品种。该品种大田生育期140～150天,植株高90～100厘米,繁殖分株能力强,球茎大小均匀,呈扁球形,脐平,横径2.5～3.8厘米,纵径约2.0厘米,单球茎重10～20克,芽细长直,皮红黑色;鲜球茎总糖含量约5.7%,淀粉含量约11.4%。该品种适宜加工成马蹄粉。

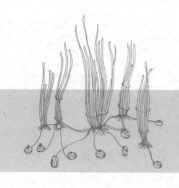

第一节　生物学特征

一、马蹄根

马蹄的根为须根，发于肉质茎基部，细长。初为白色，后转为褐色，无根毛，主要集中于深 20 ～ 30 厘米的土层中。

二、马蹄茎

马蹄的茎有肉质茎、叶状茎、匍匐茎和球茎 4 种。

1. 肉质茎。位于球茎萌发后发生的发芽茎和匍匐茎的先端，在生长前期为短小而不明显的短缩茎。其顶芽及侧芽向地上抽生叶状茎，基部的侧芽向土中抽生匍匐茎。

2. 叶状茎。绿色，细长管状，高 100 厘米左右，粗 0.5 厘米左右，中空，内具多数横膈膜，膈膜中有筛孔，可流通空气。叶状茎直立性强，丛生，初为淡橙黄色，无叶绿素或仅少量叶绿素，见光后逐渐变绿色；随着叶绿素含量的增加，茎色加深，代替叶片进行光合作用，它是地上部分唯一进行光合作用的器官。

3. 匍匐茎。肉质茎基部侧芽向土中抽生的茎为匍匐茎，

乳白色或淡黄色，组织疏松，长 10 ～ 15 厘米，直径 0.4 厘米
左右。在开花前的高温长日照条件下，匍匐茎在土中横向生长，
先端的肉质茎向上抽一叶状茎，向下生根，成为一独立的分株，
分株又可抽生匍匐茎，再生分株。这类匍匐茎一般称为分株
型匍匐茎。另一类型匍匐茎一般发生于生长的中后期，其顶
端几节在较低的温度下可膨大成球茎。

4. 球茎。球茎由节组成，基部 5 节膨大成扁球形，节上
有鳞片叶，最上部 3 节的鳞片叶将芽包成尖嘴状。一般顶芽
先萌发，如顶芽受损，则侧芽先萌发。

三、马蹄叶

叶片退化成膜片状，几乎不含叶绿素，着生于叶状茎的
基部及球茎上部数节，包裹主芽、侧芽。

四、马蹄花

自结荠开始，从叶状茎的顶端抽生出穗状花序。小花呈
螺旋状贴生，外包萼片，具雄蕊 3 枚，雌蕊 1 枚，子房上位，
柱头 3 裂。

五、马蹄种子

每一朵小花结果实 1 个。果实近球形，果小，果皮革质，
内含种子 1 粒，灰褐色。因种子不易发芽，故生产上不用种
子繁殖。

第二节 生长环境条件

马蹄喜生于池沼中或水田里，喜温暖湿润，不耐干旱和霜冻，也不耐深水及荫蔽，整个生育期对温度、光照、水分等环境条件的要求因不同生长发育阶段而不同。

一、温度

马蹄在整个生育期中都要求较温暖的环境条件。萌芽期最适温为 15 ～ 25℃，10 ～ 15℃为萌芽始温；分蘖分株期要求气温为 15 ～ 35℃，最适温为 25 ～ 30℃；结球期气温宜适当偏低，最适温为 15 ～ 20℃。马蹄的产量取决于地上茎的数量和质量及地下球茎的个数和大小，而地上茎的数量取决于分株次数。因此，根据桂林的气候特点，应适当早栽，可增加地上茎数，从而使结球个数和球茎重量增加。

二、光照

马蹄不同生育期对光照要求不同，萌芽及幼苗生长期，以消耗球茎贮藏养分为主，要避免阳光直射和暴晒，以免灼伤叶状幼茎；分蘖分株期，进行营养生长，主要依靠叶状茎进行光合作用制造的养分，故较强光照利于马蹄生长；球茎膨大期，短日照条件下有利于球茎形成，一般而言，球茎膨大期昼夜温差越大，越有利于结荠和糖分积累。

三、水分

马蹄是浅水性植物，一般情况下，整个生育期内田间均

应保持一定水层，即使搁田也应保持土壤湿润。前期灌浅水
2～4厘米，促进分蘖分株，有利于叶状茎生长；中期灌深水
5～7厘米，促进早结球，如出现徒长，则应适当搁田；球茎
形成期灌深水15～20厘米，11月后田间管理要保持土壤湿
润直至收获。

四、肥料

马蹄生长期长，对养分的需求量比较大，尤其对磷、钾
肥需求较多，而对氮肥需求比其他水生作物少。施肥应坚持
以有机肥为主、化肥补充的原则，氮、磷、钾肥必须配合施
用，为防止氮肥过多，注意补充含硼、铜、锌、镁、铁等微
量元素的肥料。其中有机肥以牛粪的效果最好，化学肥料中，
氮肥以尿素最好，钾肥以硫酸钾最佳。分蘖盛期和球茎发育
期为吸肥高峰期，施肥原则为"前促、中攻、后补"，促分株、
结荸，改善品质，提高产量。

五、土壤

马蹄一生以地下部分为生长重心，且球茎具有贴犁底层
着生的特性，对土壤要求较严格，应选择表土疏松，底土较
坚实，有机质丰富、肥沃的壤土及沙壤土，耕层深20厘米的
水田种植。一般情况下，在沙壤土中生长的马蹄，球茎入土浅，
大小整齐，肉质嫩甜；在重黏土中生长的马蹄，球茎小，肉
质不脆嫩，球茎大小不整齐；在腐殖土中生长的马蹄，肉质粗，
汁少，皮厚色黑，缺乏爽脆清甜的口感。

六、土壤酸碱度

马蹄生长对土壤酸碱度要求不严，但以微酸性到中性土壤为好。

第三节　生长发育特性

马蹄一生可分为幼苗期、营养生长期、营养生长及生殖生长并进期和结荠期。

一、幼苗期

从球茎萌芽起至抽生分蘖分株前止。春季气温在15℃以上，将越冬休眠的球茎浸种2天促使萌芽，约在4月下旬长出发芽茎后，即在其上形成短缩的主茎，向上抽生叶状茎，当有5～6根叶状茎时，便向下抽生新根，成为独立的新苗，20天左右可育成15～20厘米的幼苗。

幼苗期

二、营养生长期

从分蘖分株开始至分蘖分株趋势停止。幼苗形成后不断长高增粗，叶状茎变绿，基部陆续产生分蘖，形成母株丛；同时侧芽向土中抽出匍匐茎，水平方向生长，匍匐茎长出3～4节后，于距母株10～12厘米处向上抽出一丛叶状茎，形成分株；分株极小，又以与母株相同的方式再生分蘖和分株，形成株丛。分株有匍匐茎与母株相连。

气温为25～30℃时，马蹄分蘖分株的速度最快，一周可增加分株5～10株，分株级数因栽植期而异，越是早栽，分株级数越多。如在5月栽植的分株可达8～10级，6月栽植的为5～8级，7月栽植的为3～5级，8月栽植的只有1～3级。叶状茎数母株丛最多，达200～300根。级数越低的分株，叶状茎数越少，最少的只有20根左右。

营养生长期

三、营养生长及生殖生长并进期

从地上部叶状茎封行至盛花期。随着马蹄分蘖分株的不断发生，植株的地上部分逐渐封行。随着气温逐渐降低，日照时长逐渐变短，分株逐渐停止发生，叶状茎在 18～25℃时同化功能最为旺盛。此时，可抽生花茎，进入花期。

四、结荸期

从抽生结荸茎至球茎形成期。8月下旬后，气温逐渐降低，日照时长逐渐变短，分株及分蘖基本停止，一部分先生出的叶状茎上抽生花穗，开始开花结果。在地上部分停止分株前约1周，母株及各分株叶状茎基部的侧芽抽生的匍匐茎由最初的水平方向生长转为斜向插入土中生长而成为结荸茎。结荸茎较粗较长，其先端的茎在气温下降至20℃以下开始膨大，形成球茎；气温在 18～20℃时球茎膨大速度显著加快，之后随着气温继续下降，地上部叶状茎开始衰老黄化，球茎也逐渐定型充实，皮色由白色逐渐变为棕黄色，最后为棕红色，乃至红黑色。

结荸期

第四节　需肥特性与合理施肥

一、需肥特性

1.元素需求规律。马蹄对土壤营养要求较高，土壤必须富含有机质。分蘖、分株的发生和绿色面积的扩大，需要大量的氮素营养。当氮肥不足时，茎色发黄，分蘖分株缓慢；氮肥充足时，茎色青绿；氮肥过多易引起徒长和倒伏。在开花前不能缺少氮肥，开花后结荠时不能缺少磷、钾肥，尤其是不能缺少钾肥。

在叶状茎的分蘖分株及抽生匍匐茎时期氮元素需求量较大，球茎形成期氮元素需求量较小。因此，氮肥宜在定植后及分蘖分株发生时施入。磷元素在植株体内含量表现为前期低，高峰期出现在分蘖、分株盛期，之后逐渐降低，呈现"低—高—低"的过程。这说明分蘖分株、抽生匍匐茎及结荠需要较多的磷元素。因此，磷肥必须早施，宜作基肥用。钾元素对球茎内碳水化合物的代谢和运转、淀粉积累及球茎形成层的活动有着重要的作用。马蹄植株体内钾的含量远远超过氮和磷的含量，叶状茎吸收钾有 2 个高峰期，分别是植株分株和开始结荠时期，所以要在中后期重施钾肥。磷、钾元素在植株体内的变化趋势有相似之处，在分株、抽生结荠型匍匐茎和结球时，都可能与同化养分的运转积累有关，因此，栽培中不能偏施氮肥。

2.元素内在变化规律。据赵有为等对马蹄整个生育期叶状茎内氮、磷、钾含量变化的研究表明，在母株丛开始形成的生育前期，植株体内含氮量较高；分蘖、分株大量发生时，植株体内含氮量减少；到结荸型匍匐茎抽生时，含氮量最低；到分蘖、分株渐趋停止时，含氮量又逐渐回升。磷在植株体内含量的高峰期出现在分蘖、分株盛期，之后逐渐降低。

马蹄分蘖期，要求施充足的氮肥，进入结荸期后，不宜再施用氮肥，否则易徒长，引起倒伏，影响结果。据有关资料介绍，在马蹄分蘖前期，体内含钾较少，随着植株生长，含钾量增多，白露以后养分趋向合成，地上茎含钾量减少。磷肥在植株体内也有类似的情况。

二、合理施肥

1. 施肥方法。总的施肥原则是"重施基肥，轻施追肥，施好结荸肥，氮、磷、钾并重，前氮后钾"，即前期施少量氮肥，以促进幼苗返青早生快发，中后期以磷、钾肥为主。马蹄在苗期、生长初期及分蘖期对磷的吸收率很高，因此，磷肥要作为基肥施用。整个生育期都不能缺钾，特别是进入结球期，缺钾会导致地上部分生长不够健壮，球茎不够充实。栽植马蹄要获得高产，首先要施足基肥，以改善土壤结构，提高土壤肥力。马蹄较耐肥，要求施足迟效肥、速效肥搭配的基肥。应以有机肥为主，配施一定量的氮、磷、钾化肥。施肥掌握"前促、中控、后补"的原则，基肥、苗肥、球茎膨大肥的比例为3∶3∶4。试验表明，马蹄对肥料的种类要求比较严格，农家肥以牛粪最好，化肥中氮肥以尿素最好，钾肥以硫酸钾最好，而含氯的肥料尤其是含氯的钾肥（氯化钾）对马蹄产量和品质具有不良影响。如施用含氯肥料，单位面积的球茎产量比施用硫酸钾的下降 8.9%，还原糖下降 9.9%。因此，在施用钾素肥时，须注意不施或少施氯化钾。

　　赖小芳等研究结果表明，马蹄配施饼肥、鹌鹑粪、羊粪等有机肥，不但对增产起到明显的作用，而且对马蹄内在品质的改善也有较好的效果；马蹄配施牛粪肥对增产起到一定作用，但对马蹄品质的改善效果不明显；马蹄配施猪粪肥能促进高产，但产品食味淡且略带咸味、多渣少水、口感硬、品质差，据市场调查，价格比同级球茎下降 1/3，农户应该避免施用此类肥料。不同有机肥作用特点不同，综合其产量与品质等多方面表现，饼肥、鹌鹑粪、羊粪、牛粪等有机肥比较适于马蹄施用。

　　2. 施肥时期。施肥要掌握"前促、中控、后补"的原则，可采用"二促、一控、一补"的施肥方法。"二促"就是促苗、促果。促苗，在施足基肥前提下，回青后重施发棵肥，保证一定的基本苗，为高产、大果、抗病打下基础；促果，在结荸期重施促果肥，为大果奠定基础。"一控"就是控肥、控苗，抑制分蘖、促进开花，有利于其从营养生长过渡到生殖生长，提高大果率。一般在栽植后 25 ～ 65 天（约 40 天）控制施肥。"一补"就是补后劲反弹肥，提高大果率和单果重。

　　7 月底至 8 月初栽植的马蹄，由于其生育期短，分株次数少，追肥应适时，以速效肥为主，促进地上部分的生长，使之尽快形成一定规模的光合作用面积。追肥一般分 4 次进行，即移栽后返青时、分蘖分株初期、结球初期及中耕除草时进行。第一至第三次追肥重在提苗，为后期结球打下良好的基础，第四次追肥是增加马蹄产量和提高大果率的关键。

马蹄追肥前期宜少，以施用氮肥为主，可于7月上旬每亩追施尿素6～8千克。前期施用氮肥过多，易造成茎叶旺长，田间荫蔽严重，可能发生倒伏或者诱发病害。进入结荠期后，由于球茎的膨大过程要历时60～70天，需要较多肥料，需于9月中下旬每亩施用尿素8～10千克、硫酸钾20千克，才能满足养分吸收转化的需要，促进稳健生长，防止后期脱肥早衰。同时，还可根外喷施0.2%～0.3%的磷酸二氢钾1～2次，有利于改善营养，提高品质。

3. 合理施用肥料。

（1）氮肥的施用。有相关试验表明，在施肥量同等的情况下，氮肥不同的施肥时期与比例对马蹄产量的影响较大，氮肥在基肥和第一次分株形成期的总施肥量比例的提高，保证了一定的基本苗，为高产打下基础；把氮肥在球茎形成期和膨大期的总追肥量减少，可控肥、控苗、抑制分蘖，促进开花，有利于其从营养生长过渡到生殖生长，增加产量。因此，应在基肥和前期追肥时将氮肥的比例提高，在后期追肥时将氮肥的比例减少，以获得最佳经济效益。

（2）磷肥的施用。郑丹等在不同磷肥施用水平对马蹄产量品质影响的研究中得出，在磷肥充足的情况下，磷肥施用量的增加，有利于淀粉和可溶性总糖的积累，但不能显著增加马蹄的产量。从经济效益上看，增施磷肥不能显著提高马蹄的经济效益。在实际的马蹄生产中，适量减少磷肥施用量并不会造成马蹄纯收益的降低。因此，适量减少磷肥的施用量既可保证马蹄产量，又可节约肥料成本。

（3）钾肥的施用。马蹄通常是早稻收获后种植，若土壤中缺乏钾肥，易导致马蹄产量不高，品质下降。钾肥对块茎类农作物产量的提高和品质的改善效果显著。在一定的施肥用量范围内，马蹄苗干重及粗壮度随着钾肥施入量的增加而增加，施钾肥能使马蹄植株生长更合理，抗倒伏能力增强，有利于光合产物的转移和积累。

（4）微量肥料的施用。在氮、磷、钾合理配施的基础上增施硼肥或锌肥，能促进马蹄健壮生长，有利于茎叶早生、分株快发、球茎增多，提高果数、大果率、产量、品质及商品率。

第五节　产量的形成

一、马蹄产量的形成特性

马蹄球茎产量可以单个球茎鲜重或者单株产量表示，在生产上，多以单位面积产量或者折合 1 亩产量计算。

单株球茎有效个数 = 单株球茎总数 – 单株不具有商品价值的球茎个数

单株产量 = 单个球茎重 × 单株球茎有效个数

单位面积产量 = 单位面积种植基本苗株数 × 分株数 × 单株球茎有效个数 × 单个球茎重

折合 1 亩产量 = 单位面积产量 ÷ 单位面积大小 × 1 亩

构成产量的因素，随着产量的形成过程变化而变化，而不是播种或定植时就可以确定的。如随着单位面积种植株数的增加，单株球茎有效个数可能减少；随着单株球茎有效个数的增加，单个球茎重也可能减小，因此，生产上需要根据不同品种特性，合理密植或稀植，从而获得较高的产量。

马蹄产量的形成除受品种特性等遗传因素和环境条件影响外，也取决于营养条件和球茎的发育情况，还与不同器官、不同部位之间的激素含量情况有关，同时肥水管理、植株调整等农事操作也会影响产量。

二、产量形成的生理基础

马蹄的叶状茎是进行光合作用的主要器官，是物质生产的"源"，由其运转到球茎、花和种子等贮藏器官，贮藏器官即为物质贮藏的"库"，而由"源"运转到"库"的途径、速度和数量与"源""库"的大小均有关系。生产上，增加"源"的数量和大小是增加产量的关键因素；而"库"的大小也会影响"源"的运作强度，在一定范围内，"库"的增大会有效地促进"源"的提高。因此，要提高马蹄产量，一方面要提高叶状茎光合作用的效率，另一方面要使更多的光合产物向球茎转运和分配。

植物大部分的干物质是通过光合作用积累而成的，因此，在栽培过程中，实现光合作用最大化，以及促进光合作用产物有效、高速地向各个器官运输和分配是实现产量增加的关键。

1. 光能利用率。光能利用率是指单位面积上，植物光合作用积累的有机物所含化学能占光能投入量的比例。因此，实现产量增加的根本因素是提高光能利用率。一般种植马蹄田块的光能利用率不超过光合有效辐射能的 0.5% ～ 3.0%，造成光能利用率低的原因主要包括：一是漏光损失，马蹄苗期，植株小，叶面积小，太阳光大部分直射到地面而损失；二是叶状茎等器官的反射和透射损失；三是马蹄本身的碳同化反应途径的限制损失；四是其他损失，如马蹄通过热能等途径散发的损失，以及生长过程中遇到逆境而不利于光合作用造成的损失。

2. 提高光能利用率的途径和方法。

（1）增加光合作用面积，提高叶面积指数。叶面积指数是指单位土地面积上的叶面积。在一定范围内，叶面积指数越大，光合产物越多，产量也越高，但超过一定值时，则不利于光合作用，造成光能利用率下降。马蹄栽培增加叶面积指数主要是通过合理密植，早栽偏稀，晚栽偏密；肥足偏稀，肥少偏密，可通过分株的数量调节，保证结球前达到全田植株分布均匀。如分株过多，分株之间拥挤，导致田间通风透光不良，阻碍光合产物的形成和累积，不利于球茎的发育，影响产量；如分株过少，田间叶状茎面积系数过小，不能充分利用光能，降低光合作用量，也不利于产量形成。分株过多或过少，都易使植株受到风害，造成叶状茎倒伏，产量减少。

（2）延长光合作用时间。选择良种栽培，适当安排马蹄的播种及育苗移栽时间，科学管理水肥，通过延长生育期达到延长光合作用时间的目的。

（3）提高光合作用效率。光合作用受内因和外因两个因素影响。内因主要为叶龄、叶的受光角度、植株的吸收能力和物质运转的"库""源"关系；外因主要为光照、温度、二氧化碳、水分及矿质营养等。因此，马蹄生产过程中，要及时摘除丧失光合功能的老叶状茎，加强管理，防治叶状茎早衰，及时清除杂草等，把光合作用旺盛的叶状茎置于最佳受光的面上或角度上。此外，增施有机肥，实行将非食用部分茎等器官还田，促进微生物分解有机物释放二氧化碳等措施，可提高二氧化碳浓度和光合作用效率。

综上所述，选择良种、合理密植、调整分株保证分蘖均匀、延长功能叶状茎的寿命及做好病虫害防治等田间管理，是保证马蹄提产增质的必要前提。

马蹄分株

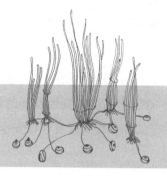

第一节　轮作模式及茬口安排

　　马蹄是桂林市传统水生蔬菜之一，常年种植面积 9000 公顷左右，总产量 2.2 万吨。随着我国人口的逐渐增多，耕地面积逐年减少，蔬菜栽培面积逐渐扩大，粮菜争地矛盾日渐突出，亟须在确保粮食总产的同时提高经济效益。蔬菜栽培轮作模式是一种很好的解决方案。人们在长期的生产活动中，发现在一个地块长期连续种植同一种蔬菜，会导致产量连年下降，病虫害愈来愈严重，通过换种其他蔬菜等作物后，不仅能克服上述问题，而且还能合理利用土壤肥力。蔬菜的茬口安排是蔬菜栽培制度的重要内容之一，科学合理的蔬菜茬口安排可以最大限度地满足蔬菜作物生长发育对环境条件的要求，从而达到高产优质、高效益的目的。同时，还可以充分利用土地和栽培设施，调节蔬菜的上市季节，克服淡旺季分化矛盾，实现全年均衡供应，充分满足市场需求。在目前以经济效益为主体的市场经济形势下，科学合理的茬口安排，不仅是获得最大经济效益的有效手段，而且能充分利用土壤肥力、水分，减少病虫为害，节约设施投资，降低成本。蔬菜的栽培方式多种多样，因此，轮作制度也种类繁多，只有合理的轮作方式才能使作物进入良性发展的轨道。下面介绍其他作物与马蹄轮作的部分模式以及茬口安排。

一、"超级稻 + 马蹄"轮作模式

该模式为一年两熟轮作模式，其茬口安排和栽培技术要点：3 月 5 ～ 10 日播种超级稻，4 月 10 ～ 15 日采用抛秧技术移栽，7 月底前收获。球茎种于立夏至小满（5 月 5 日至 5 月 20 日）期间开始播种育苗，于大暑（7 月 22 日）前后定植，最迟不能超过立秋（8 月 7 日），立冬（11 月 7 日）或小雪（11 月 22 日）后采挖。

1. 早稻。3 月 5 ～ 10 日其他田块播种育苗，选用早熟优质品种，每亩大田需播种 1.5 ～ 2.0 千克，塑盘育秧每亩用 50 ～ 55 张秧盘播种 1.0 ～ 1.5 千克。推广使用壮秧剂培育多蘖矮壮秧。秧苗达到 3.5 ～ 4.5 叶时移栽，即 4 月 10 ～ 15 日采用抛秧技术移栽，每亩施 45% 三元复合肥 50 千克作底肥，移栽 7 天后每亩追施尿素 5 千克，并浅耘田一次，晒田复水后，每亩追施尿素 2.0 ～ 2.5 千克、硫酸钾肥 5 千克。插秧后 20 天内保持浅水层，往后干湿交替灌溉。当苗数达到 22 万株时，要及时排水晒田，成熟前 5 ～ 7 天断水。注意防治稻瘟病和白叶枯病等病虫害，7 月底前收获。

2. 马蹄组培苗。选择植株生长势强、种苗不带病毒、抗逆性好、大果率高、产量高、品质优的马蹄组培苗，5 月上旬开始育苗繁殖，每亩大田用小苗 200 株，选择组培苗进行一段秧苗繁殖，当一段秧苗生长 25 天左右，苗高 20 厘米以上时带土移苗到二段田，栽前要施足基肥。种植规格为40厘米×40厘米，尽量浅插。植株分蘖时以浅水2～3厘米为宜。移栽10天后，每亩施复合肥15千克、尿素10千克，隔10～15天施一次，移栽前10天停止施肥，进行炼苗，8月5日前移栽，通过肥水管理和病虫害防治，12月以后当马蹄充分成熟时采挖。

3.马蹄球茎种。选择芽粗硬而长，球茎扁圆而端正，无病、无伤、大小适中者为宜，一般球茎直径在2厘米左右即可。育苗在水田中进行，精细整地，施入底肥，于立夏至小满间排种。排种前先用清水浸种1～2天，播种不宜过深，水层要浅，芽尖露出水面后随幼苗生长适当加深水层，一般保持芽尖露出水面3～5厘米，苗期不能断水。在此期间根据幼苗生长情况适当追施腐熟稀人粪尿1～2次。全育苗期为60～70天。前茬收获后应及时整地，每亩施入堆肥2000千克，耙田后再施入牛栏粪700～1000千克，于大暑前后定植，最迟不能超过立秋。选择阴天或晴天下午进行，栽植后应保持5厘米左右的浅水层，至植株地下匍匐茎繁生之时，可加深水位8～10厘米，高温干旱时还应再加深水位。此外，应在早晚往田中灌入凉水，以降低温度。每隔10～15天耘田一次，并结合追肥3～4次。封行之后，匍匐茎已大量发生，开始形成球茎，此时要严防人畜下田。秋分至寒露（9月22日至10月8日）天气渐凉，水位应逐步降低，促进球茎的生长。霜降（10月23日）之后应排干田水，又须保持土层湿润不裂。立冬、小雪以后，球茎皮色呈紫红色时采挖。

二、"莲藕 + 马蹄" 轮作模式

该模式为一年两熟轮作模式,其茬口安排和栽培技术要点:3 月下旬至 4 月上旬定植莲藕,7 月中旬采挖;球茎种于立夏至小满期间开始播种育苗,于大暑前后定植,最迟不能超过立秋,立冬或小雪后采挖。

1. 莲藕。3 月下旬至 4 月上旬定植,选用早熟品种,藕种随挖随栽,要求藕体粗大,藕头饱满,顶芽完整,无病虫害,节间短。每亩用常规藕种 400 千克左右,施足基肥,早施追肥,每亩施复合肥 100 千克,并多施有机肥,开始出现第一片立叶时每亩追施尿素 15 千克,5 ~ 6 片立叶时,每亩施尿素 15 千克和硫酸钾肥 15 千克。莲藕萌芽前,保持 3 ~ 5 厘米深的浅水层,茎叶生长期水层加深至 20 厘米左右,膨藕期降低水位至 3 ~ 5 厘米,7 月中旬采挖。

2. 马蹄组培苗和马蹄球茎种。参照"超级稻 + 马蹄"轮作模式中的栽培技术要点。

三、"春白菜 + 无籽西瓜 + 马蹄" 轮作模式

该模式为一年三熟轮作模式,其茬口安排和栽培技术要点:2 月中旬春白菜播种育苗,3 月中下旬定植,5 月上中旬采收;4 月下旬无籽西瓜播种育苗,5 月中旬定植,7 月中下旬采收;球茎种于立夏至小满期间开始播种育苗,于大暑前后定植,最迟不能超过立秋,立冬或小雪后采挖。

1. 春白菜。春季前期气温低,后期气温高,选择品种时要选购耐低温,不易抽薹且生长期短的品种,2 月中旬,当室外气温高于 5℃时利用小拱棚播种育苗。待幼苗出齐后,及

时间苗，把小苗、弱苗间掉，留下健壮的苗，苗间距保持在5厘米左右，便于培育壮苗。长到5～6叶时带土移栽定植，一般苗龄为30～35天。定植后立即浇施定植水。5～6天后用1：10的稀释沼液浇施，促进白菜快速生长。进入结球期和结球中期要加强肥水施用及病虫害防治，同时注意清理排水沟，雨水多时及时排水，5月上中旬采收。

2.无籽西瓜。无籽西瓜属三倍体西瓜，具有多倍体特性及杂种一代优势，3叶期前生长缓慢，倒蔓后生长加快。播种时间安排在4月20～25日。无籽西瓜出苗温度要求比普通西瓜的高，温度尽可能控制在30～35℃，约3天可出齐苗，若温度低于25℃，会延长出苗时间，且出来的苗较弱，成苗率也低，因而选择晴天播种，白天盖好农膜，晚上加盖草帘保温。5月中旬定植，及时浇足定根水。待苗长到15～20厘米时，追施1：8的沼液肥水。当主蔓长到50～60厘米时，再追施1次沼液肥水。进入开花期后，严格控制肥水施用。为提高授粉率和坐果率，在第二朵雌花开放时进行人工授粉，果实坐稳后，很快迅速膨大，需要大量的肥水，必须加强管理，预施壮果肥，重施果肥，根外喷施叶面肥。及时防治病虫害，7月中下旬采收。

3.马蹄组培苗和马蹄球茎种。参照"超级稻＋马蹄"轮作模式中的栽培技术要点。

四、"西瓜＋马蹄"轮作模式

该模式为一年两熟轮作模式，其茬口安排和栽培技术要点：3月上中旬西瓜育苗，4月中旬定植，6月底至7月上旬采收；球茎种于立夏至小满期间开始播种育苗，于大暑前后定植，最迟不能超过立秋，立冬或小雪后采挖。

1. 西瓜。选择抗病、高产、质优、商品性好、耐贮运的早中熟优良品种，采用营养杯嫁接育苗技术。西瓜砧木选用葫芦科圆蒲瓜进行分批种植，西瓜接穗苗与砧木苗播期相隔 10 ～ 15 天，砧木 2 叶 1 心期，接穗苗 1 叶 1 心期适时嫁接。嫁接方式以插接法为主，选择 3 ～ 5 天晴天，棚温在 15℃以上时进行嫁接，掌握"高温高湿、低温低湿"的方法，嫁接时要做好大棚遮阴、保温、保湿工作。苗龄 35 ～ 40 天。一般秧苗达 3 片真叶时即可移栽，每亩施有机菌肥 300 千克作底肥，当瓜秧长出 5 片真叶时每亩追施尿素 7 千克，坐瓜后追施膨瓜肥 1 ～ 2 次，每次每亩施硫酸钾 15 千克。采用双蔓整枝法，保留主蔓和 1 条近根健壮侧蔓，摘除其余侧蔓。当蔓长 50 厘米左右时，每隔 4 ～ 5 节用土块压在瓜蔓上，以固定瓜蔓，6 月中旬打顶；雌花开放后 28 ～ 30 天，瓜即成熟，在 6 月底至 7 月上旬收获。

2. 马蹄组培苗和马蹄球茎种。参照"超级稻 + 马蹄"轮作模式中的栽培技术要点。

五、"菜用大豆 + 马蹄"轮作模式

该模式为一年两熟轮作模式，其茬口安排和栽培技术要点：3 月下旬穴播菜用大豆，6 月下旬采收；球茎种于立夏至小满期间开始播种育苗，于大暑前后定植，最迟不能超过立秋，立冬或小雪后采挖。

1. 菜用大豆。选用品质优、产量高、生育期 80 ～ 100 天的品种，一般于3月下旬穴播，每亩约6500穴，每穴播2～3粒，用种量5～6千克；每亩施有机菌肥300～400千克作底肥，播种完毕立即覆盖地膜，出苗后及时破膜放苗；出苗后每亩追施尿素5～7千克，初花期每亩施三元复合肥15千克；菜用大豆在全生育期要重视水分供应，但不能过多，特别是豆荚膨大期要保持田间湿润，遇旱及时浇水；全株有85%以上的豆荚达八成饱满时即可采收，可一次性采收，也可分批采收。

2. 马蹄组培苗和马蹄球茎种。 参照"超级稻＋马蹄"轮作模式中的栽培技术要点。

六、"青花菜＋马蹄"轮作模式

该模式为一年两熟轮作模式，其茬口安排和栽培技术要点：1月下旬青花菜播种育苗，3月上中旬定植，5月收获；球茎种于立夏至小满期间开始播种育苗，于大暑前后定植，最迟不能超过立秋，立冬或小雪后采挖。

1. 青花菜：选用适宜于春季栽培的品种，1月下旬进行播种育苗，苗出5～6片真叶时定植，定植前1天充分浇水。每亩施腐熟有机肥4000～5000千克，深翻入土，整地作平畦。3月上中旬定植于设施大棚内，适当追肥，以施速效肥为主。定植后应每5～7天浇水1次，忌大水漫灌，莲座期适当控水。及时防治病虫害，一般在花球表面的花蕾紧密平整、花球边缘略松散、花球有一定大小时采收。采收时将花球连同下部10厘米左右的肥嫩花茎一起收割并附带3～4片叶以保护花球，应选在早晨或傍晚进行采收。

2. 马蹄组培苗和马蹄球茎种。参照"超级稻＋马蹄"轮作模式中的栽培技术要点。

七、"薄皮甜瓜 + 马蹄"轮作模式

该模式为一年两熟轮作模式，其茬口安排和栽培技术要点：2月下旬至3月中旬薄皮甜瓜播种育苗，3月下旬至4月上旬定植，6月上旬开始上市，6月下旬采收完毕。球茎种于立夏至小满期间开始播种育苗，于大暑前后定植，最迟不能超过立秋，立冬或小雪后采挖。

1. 薄皮甜瓜：选用早熟耐寒、抗病、糖度高、风味好的薄皮甜瓜品种，2月下旬至3月中旬选晴天上午采用营养杯小拱棚保温育苗，当第1片真叶展开后，可适当提高温度，促进幼苗生长。定植前施足基肥，施肥后翻耕，整地作畦，当秧苗达到2～3片真叶时，即3月下旬至4月上旬移栽在排灌方便的水稻田块，主蔓出4～5片真叶时及时摘心，选留3～4条不同方向的健壮子蔓，剪除其他弱小或多余的子蔓；待选留的子蔓出5～6片真叶时再次摘心，同时在子蔓上选留不同方向的3～4条健壮孙蔓，同样剪除其他弱小或多余的孙蔓；当孙蔓坐瓜后，在瓜前留2片真叶后摘心，加强肥水管理，及时防治病虫害。6月上旬开始上市，6月下旬采收完毕。

2. 马蹄组培苗和马蹄球茎种。参照"超级稻 + 马蹄"轮作模式中的栽培技术要点。

八、"油菜 + 西瓜 + 马蹄"轮作模式

该模式为两年三熟轮作模式，其茬口安排和栽培技术要点：9月中下旬油菜播种育苗，10月下旬移栽，翌年5月上

中旬采收。3月下旬播种西瓜，4月中旬定植，7月中旬前采收完毕。球茎种于立夏至小满期间开始播种育苗，于大暑前后定植，最迟不能超过立秋，立冬或小雪后采挖。

1. 油菜。9月10～25日播种，选择双低优质油菜品种，定植苗龄35天左右、长出6片大叶时采用大田定植。定植前结合整地每亩施腐熟有机肥1500千克、尿素20千克、过磷酸钙30千克、硫酸钾10千克及硼砂1千克。按3米开沟作厢，中间预留50厘米的西瓜套栽行。及时追肥和防治病虫害，翌年5月上中旬采收。

2. 西瓜。选择早熟优良品种。3月下旬播种育苗，移栽前14天翻耕，预留西瓜套栽行，同时每亩施腐熟饼肥150千克和硫酸钾30千克，覆盖地膜。4月中旬，出3～4片真叶期定植。5月中上旬适时采收油菜，并做好田园清洁工作。选主蔓上第二或者第三朵雌花坐瓜，每条藤上留1个瓜。坐瓜后施膨瓜肥，每亩施尿素50千克、硫酸钾10千克，溶水施于株间。及时防治病虫害，7月中旬前采收完毕。

3. 马蹄组培苗和马蹄球茎种。参照"超级稻+马蹄"轮作模式中的栽培技术要点。

九、"地膜花生+马蹄"轮作模式

该模式为一年两熟轮作模式，其茬口安排和栽培技术要点：3月中下旬播种地膜花生，7月中旬采收。球茎种于立夏至小满期间开始播种育苗，于大暑前后定植，最迟不能超过立秋，立冬或小雪后采挖。

1. 地膜花生。选用早熟、产量高、品质优的品种，于3

月中下旬穴播，结合整地每亩施有机菌肥 300 ～ 400 千克作底肥，播种完毕立即覆盖地膜，出苗后及时破膜放苗；长势弱的田块则可用 0.2% 磷酸二氢钾叶面喷施 2 ～ 3 次；注意防治叶斑病、锈病、蚜虫和红蜘蛛等病虫害。一般于 7 月中旬，当花生饱果率达到 75% 时即可采收。

2. 马蹄组培苗和马蹄球茎种。参照"超级稻 + 马蹄"轮作模式中的栽培技术要点。

十、"南瓜 + 马蹄"轮作模式

该模式为一年两熟轮作模式，其茬口安排和栽培技术要点：3 月上中旬南瓜播种育苗，4 月上中旬定植，7 月初采收。球茎种于立夏至小满期间开始播种育苗，于大暑前后定植，最迟不能超过立秋，立冬或小雪后采挖。

1. 南瓜。选用中国南瓜早中熟品种，3 月上中旬于小拱棚育苗。当苗达 4 ～ 5 片真叶时，即 4 月上中旬即可移栽，每亩施有机菌肥 300 ～ 400 千克作底肥，伸蔓前浇 1 次小水，同时每亩追施复合肥 30 千克；坐果后可浇大水，如雨水较多时还应注意排涝，采收前 10 天停止水肥；定植后 7 ～ 10 天，主蔓出 4 ～ 5 片真叶时摘心，待子蔓长到 20 厘米左右时，选留 2 ～ 3 条健壮的子蔓作为结果蔓，其余全部剪掉。坐果节位一般在 5 ～ 10 节，畸形瓜和 5 节以下的幼瓜要及早摘除，每条子蔓留 1 ～ 2 个瓜胎周正的幼瓜；可人工辅助授粉。注意防治猝倒病、病毒病和白粉病等病害。通常授粉 35 ～ 40 天后，即 7 月初即可采收。

2. 马蹄组培苗和马蹄球茎种。参照"超级稻＋马蹄"轮作模式中的栽培技术要点。

十一、"早春大棚茄果类蔬菜＋马蹄"轮作模式

该模式为一年两熟轮作模式，其茬口安排和栽培技术要点：10月下旬至12月上旬茄果类蔬菜播种育苗，翌年2月上旬定植，7月上旬采收结束。球茎种于立夏至小满期间开始播种育苗，于大暑前后定植，最迟不能超过立秋，立冬或小雪后采挖。

1. 茄果类蔬菜。选择耐低温弱光、早熟、抗病、丰产、优质且市场适销的品种，茄子、辣椒和番茄分别于10月下旬、11月上旬和12月上旬播种育苗。田块翻耕后施足基肥，每亩施腐熟农家肥2000千克、过磷酸钙50千克和三元复合肥50千克。翌年2月上旬定植，前期以保温为主，大棚、中棚一般不掀开薄膜（除通风时）。进入4月气温回升后，及时撒下中棚和小拱棚，以增加光照，同时加强通风。番茄采用单秆或双秆整枝，茄子和辣椒只打去主秆分叉以下的侧枝，开花结果后不必整枝。在开花当天用防落素30～50毫克/千克，蘸花柄或喷花，及时防治病虫害，7月上旬采收结束。

2. 马蹄组培苗和马蹄球茎种。参照"超级稻＋马蹄"轮作模式中的栽培技术要点。

第二节　选种

一、品种选择

马蹄资源在我国分布较为广泛。20世纪90年代，武汉市蔬菜科学研究所最先进行了马蹄资源的收集和保存，其收集和保存的马蹄种质资源105份，其中野生资源10份，品系5份，地方品种90份，地方品种中包括各地著名品种，如桂林马蹄、大红袍马蹄、孝感马蹄、团风马蹄、勐遮马蹄、苏荠、余杭荠、菲律宾马蹄等。

马蹄为果蔬兼用型水果，既可鲜食又可进行加工生产成马蹄罐头、马蹄粉及马蹄糕等系列产品。马蹄品种的选择既要考虑品种的质量和产量，也要考虑其抗逆性及适应性。马蹄品种间植株形态相似，而球茎的顶芽有尖有钝，脐部有凹有平，一般顶芽尖的脐平，球茎小，肉质粗老，渣多，含淀粉多；顶芽钝的脐凹，含水分多，淀粉少，肉质甜嫩，渣少，宜生食，不耐贮运。种植户可根据用途和栽培目的选择适合的品种栽培。生食鲜销宜选择桂林马蹄、芳林马蹄、孝感马蹄等球茎个大味甜的品种；加工提取淀粉宜选用广州水马蹄、高邮马蹄等球茎淀粉含量高的品种；制罐头品种要求选用外形圆整、平荠、出肉率高，削皮无黄衣又耐贮藏的芳林马蹄、余杭荠等品种。

桂林马蹄以其个大皮薄、脆甜多汁、化渣爽口的特点而闻名国内外，产品深受消费者的欢迎。桂林马蹄在广西各地均有栽培，但以桂林、荔浦最为高产、优质。生育期180天，植株高60～90厘米，叶状茎粗，球茎较大，扁圆形，红褐色，淀粉含量低，糖分高，肉质爽脆，宜生食。

二、栽植种苗选择

马蹄栽植种苗分为球茎苗、分株苗和组培苗3种。球茎苗是指将种荸催芽育成小苗，最后以球茎为栽植单株，每一种球只育成一株苗；分株苗是指在定植前尽量提早用球茎育苗，促其多分蘖和分株，栽植时将分蘖和分株一一拆开，每株栽植苗含有叶状茎3～4根，每一种球可育成数株苗；组培苗是在无菌条件下利用马蹄球茎顶芽茎尖部分进行离体培养、诱导、分化、生根而获得的新植株。

根据催芽、栽植及采收时间不同，马蹄又分为早水马蹄、伏水马蹄和晚水马蹄。一般清明至谷雨（4月4日至4月19日）期间开始催芽，小满至芒种（5月20日至6月6日）期间栽植的称早水马蹄，立冬前后采收。早水马蹄要在6月15日前后栽植完，超过6月25日栽植的产量会明显下降。夏至（6月21日）前后开始催芽，小暑至大暑（7月6日至7月22日）期间栽植的称伏水马蹄，冬至（12月21日）前后采收。小暑至大暑期间开始催芽，立秋（8月7日）前后栽植的称晚水马蹄，采收期可延至翌年清明。华南地区无霜期长，可适当迟栽，但最迟应在处暑栽植。晚水马蹄栽植期视前茬作物采收情况尽量早栽，以促使其发生足够的分株。适当早栽，不仅生长期加长，而且封行早，地上总茎数多，平均单株结荸数也多，产量高。

1. 球茎苗。球茎苗定植后缓苗期短，早期分株多且停止早，采收时球茎的大果比例比分株苗的高，但田间易造成局部分株、分蘗过剩，互相拥挤，遇大风暴雨时会引起倒伏，还易发病。一般栽植期偏晚的，如 7～8 月栽植的宜用球茎苗。作为种用的马蹄必须选择植株生长健壮，群体整齐、无倒伏、无病虫害的田块作为留种田。留种田收获后，选取外形扁圆端正，表皮光滑无破损，皮色红褐一致，球茎饱满，芽头粗壮，单果重 15～20 克的球茎作种荠越冬。催芽育苗前，再进行二次选种。

2. 分株苗。定植后缓苗期较长，适宜早栽（5～6 月），若栽植过迟，则会由于高温期较短，植株分蘗和分株较少，造成田间叶状茎密度不够，产量不高。5～6 月栽植的分株苗，分株、分蘗均匀，叶状茎生长健壮，田间通风透光良好、发病轻。此外，采用分株苗还可节省用种量，结荠早，增产潜力大。

3. 组培苗。马蹄传统上采用球茎繁殖，即无性繁殖。经过萌芽、分蘗与分株，再开花与结荠。然而，如果长期采用无性繁殖，易造成种性退化，带菌严重，且繁殖系数较低。2000 年以来，马蹄组培苗的研究取得积极进展，推广应用迅速发展。由于组培苗具有植株生长旺盛，抗病性强，产量高，品质好，大果率高，经济效益好等优点，因此深受马蹄种植户欢迎。种植马蹄组培苗不仅可大大节省用种量，还能免除长途调种的麻烦，极大地降低购种成本。一般 1 株马蹄组培苗经过大田培育后可以增值 15～20 倍，即 1 株组培苗可以繁殖 15～20 株栽植苗；育苗技术好的种植户，1 株组培苗可以扩繁到 30 株以上。按每亩定植 4000 株栽植苗计算，每亩种

植 200～250 株马蹄组培苗就能满足用种量了。按 0.3 元 / 株
的价格计算，每亩马蹄购种成本只需 60～75 元，大大降低
了马蹄的种植成本。

随着马蹄组培苗生产及相关配套技术不断完善，2004 年
以来，组培苗在桂林地区推广应用得到了长足发展，目前桂
林荔浦市马蹄组培苗普及率达 80% 以上。

第三节　球茎苗培育

马蹄的栽植，无论是采用分株繁殖或是球茎繁殖均是先
育苗后栽植，苗的质量直接影响栽植后活棵期的生长状况、
抵御自然灾害和抗病虫害能力以及球茎的个数和重量。因此，
培育壮苗就成为高产、稳产、优质的首要条件。陈学好（1987）
提出马蹄高产培育健壮苗技术措施，主要有严格选种，保全
苗；药剂浸种，育无病苗；假植促根，育壮苗；浅水薄肥，
育大苗。

一、严格选种，保全苗

严格选用种球对确保全苗，提高种球的利用率，及提高
马蹄的产量和质量具有明显的效果。具体做法：育苗前进行
种球普选，育苗时进行精选，将病虫果、畸形果、小果剔除，
选取外形完整，芽头粗壮，球茎饱满，表皮褐色、光滑一
致，单个球茎重 15 克以上的马蹄进行育苗。育苗前，种荠
用 25% 多菌灵 500 倍稀释液浸泡 12 小时，预防秆枯病。用

清水冲洗经药浸的种荠后，按3厘米的间距摆到苗床中育苗，15～25天后，苗高10厘米以上时进行假植保根，苗间距12～15厘米。

二、药剂浸种，育无病苗

马蹄秆枯病是马蹄生产的大敌，农民称之为"瘟病""马蹄瘟"。马蹄产地常因此病的为害导致马蹄减产，甚至绝收。在选种后育苗前用25%多菌灵500倍稀释液或秆枯净700倍稀释液浸泡种球8～12小时，移栽时再用25%多菌灵500倍稀释液浸根1～2小时，这是减少大田病害为害的重要手段，对中后期马蹄秆枯病的发生具有明显的抑制作用。

三、假植促根，育壮苗

马蹄粗壮发达的根系，是保证马蹄栽植后早分蘖、早结荠或高产的基础，进行马蹄苗假植是促进发根的有效措施。马蹄假植促根应控制在育苗后15～25天、苗高10厘米以上时进行，过早会因大部分种球尚未出苗，假植达不到促根的目的，过晚则会由于苗大苗高而造成伤根伤苗。假植时将苗距由育苗时的3厘米左右调整到12～15厘米，这样既有利于继续发根，又扩大了种苗生长的营养面积，从而利于培育壮苗；同时还可通过假植移苗将病苗、弱苗、瘦苗剔除掉。

四、浅水薄肥，育大苗

曹侃、王槐英（1985）认为，适当早栽能增加地上茎数量，使同化器官制造和积累的养分增多，球茎个数和重量增加；灌水的深度直接影响土壤的温度，而温度又是影响马蹄结荠的重要因素，因此前期灌浅水，后期灌深水；如果整个生育期水分供应不足，则植株矮小，分株、分蘖及球茎数减少，球茎品质差，因此马蹄整个生育期不应断水。土壤的温度、湿度及透气性既影响球茎大小也影响结荸数，因此栽植前要深耕细耙，增施有机肥，改善土壤物理性状，为球茎膨大创造良好的土壤环境。育苗期间，尤其是伏水马蹄育苗期间，温度不稳定，有时温度偏低，不利于苗的生长。苗期灌浅水可提高土壤温度，促进苗的生长。一般在移苗之前灌水深度为 1～2 厘米；移苗后，随着苗长大，气温也逐渐升高，灌水深度宜为 2～3 厘米，最深不宜超过 4 厘米。苗期追肥宜轻施勤施，当苗高 10 厘米左右时浇稀粪水或稀沼气渣水 1 次，随即浇清水，洗去苗上的肥水，以免伤苗；以后每隔 5～7 天浇稀粪水或沼气渣水 1 次，共浇 3～4 次。30～40 天后，单株分蘖数增加，根系发达，苗高 35～40 厘米，叶状茎粗 0.5 厘米以上，具分株 3～4 丛，即可起苗定植到大田。

第四节　定植

一、田块选择

选择无工业"三废"（废水、废渣、废气）污染，光照充足，土壤肥沃，表土疏松，底土较坚实，耕作层 20 厘米左右，水源充足，灌溉方便，水体洁净的沙壤土水田种植。在沙壤土中栽培的马蹄，球茎入土浅，大小整齐，肉质嫩甜；在重黏土中生长的马蹄，球茎小，大小不整齐；在腐殖质过多的土壤中生长的马蹄，肉粗汁少，皮厚色黑，缺乏爽脆、清甜的口感。同时，马蹄最好实行连片种植，以便统一管理。

马蹄是水生作物，整个生育期都不能缺水，尤其是球茎膨大期及施肥后不宜断水。因此，漏水田、望天田、水不足的田块不宜栽植。马蹄忌连作，否则球茎不易膨大，产量低，病害多，不易采收。

二、栽培季节选择

在一个年生长周期内，马蹄要经过幼苗期、营养生长期、营养生长及生殖生长并进期和结荠期 4 个时期。曹侃、王槐英（1985）和王槐英、曹碚生等（1989）先后对马蹄生育动态进行了观察和研究，认为地温达到 10～15℃时球茎萌发，植株进入幼苗期；随着气温的升高，叶状茎不断发生，同时开始形成分蘖分株，植株进入营养生长期；气温在 25～30℃时分株发生最快，植株花茎的抽生在 8 月中旬，营养生长及生殖生长齐头并进，植株进入营养生长及生殖生长并进期；9 月下旬至 10 月上旬植株分株抽生趋于稳定，地下球茎开始形成，植株进入结荠期。

马蹄喜高温、湿润，不耐霜冻，需在无霜期生长，全生育期为 210～240 天。气温在 15℃以上时开始萌芽，在 25～30℃时分蘖分株生长最快。球茎的形成需要干燥阴凉环境，以平均气温 10～20℃为宜。冬季马蹄地上部分枯死，球茎在土中越冬。在长江中下游地区，立秋前后可随时育苗移栽，可与莲藕、茭白等水生蔬菜，以及水稻、小麦、油菜等前后接茬。

　　根据马蹄的生物学特性，华南地区的栽植时期比较机动，从清明至小暑都可以随时移栽，但要想获得马蹄高产，宜在清明至小暑期间开始育苗，以早栽为宜，移植时间最迟不超过立秋（华南北部地区）至处暑（华南南部地区）。这样，才能使植株在夏至至大暑期间发生分蘗和分株，10月下旬即可开始采收，11月下旬至12月下旬为盛收期。

　　三、整地施肥

　　早稻收割后，对大田进行耕耙并清除杂草，一般耕耙3～4次，使土壤成糊状，最后一次耕耙时施入基肥。

施基肥后的马蹄田

马蹄要获得高产，首先要施足基肥，以改善土壤结构，提高土壤肥力。马蹄较耐肥，要求施足与迟效肥、速效肥搭配的基肥。马蹄在苗期、生长初期及分蘖期对磷的吸收率很高，因此，磷肥也作为基肥施用。一般每亩施腐熟有机肥1000～1500千克，过磷酸钙50千克，硫酸钾12～15千克；或硫酸钾型复合肥20～30千克，硼砂、硫酸锌各2000克均匀地施入田中作基肥，施肥后再进行一次耕耙，7～10天后定植。

四、适时定植

马蹄5～8月均可以定植。长江流域早水马蹄在6月下旬前定植，伏水马蹄在7月定植，晚水马蹄在7月下旬至8月初定植。华南地区气候暖和，定植时间可以适当推迟，但最迟不能超过处暑（8月22日），原则上越早定植越好。

一般栽植早的，无论是球茎苗，还是分株苗，均表现为光合作用面积大、单株产量高。试验研究数据表明，马蹄栽植期推迟，产量下降，大果率亦降低，但栽植期也不是越早越好，过早栽植的马蹄，由于母株丛形成时常遇梅雨季节，过密的分蘖易引起内部湿度过高，通风、透光差，叶状茎极易感病，造成减产。所以，确定适宜的栽植时期，既要考虑分蘖期避开高温多湿的季节，又要防止病害的大面积发生。

华南地区马蹄栽植一般采用"早稻＋马蹄"轮作模式，早稻收获后应及时整地，两犁两耙，亩施2000千克堆肥，耙后再施入牛栏粪700～1000千克，然后灌水踩青(将老菜叶、豆藤或青草等踩入田中)，最后耙平田面。

马蹄适时进行移栽，其地上部叶状茎数、分株数及单株结果数均明显增加，植株增高，大果率及单位面积产量提高，具体见表 3-1 至表 3-3。

表 3-1 球茎苗不同栽植期产量比较

栽植期	株高 （厘米）	分株数 （个）	叶状茎数 （根）	单株产量 （千克）	折合每亩产量（千克）
5 月 6 日	120	436	4215	0.62	1861
6 月 15 日	105	306	885	0.87	2463
7 月 20 日	90	203	542	0.60	1395
8 月 4 日	74	5	50	0.39	985

（1987，扬州）

表 3-2 分株苗不同栽植期产量比较

栽植期	平均每平方米产量（千克）	折合每亩产量（千克）	每平方米的球茎个数（个）	大荠（15克以上球茎）		中荠（10～15克以上球茎）		小荠（10克以下球茎）	
				占总个数（%）	占总重量（%）	占总个数（%）	占总重量（%）	占总个数（%）	占总重量（%）
6 月 15 日	3.035	2020.2	242.5	36.8	53.4	26.9	36.6	36.3	20.0
7 月 15 日	2.57	1715.4	223.2	29.3	48.7	28.9	31.0	41.7	20.3
7 月 30 日	2.12	1408.8	179.2	24.1	37.3	34.5	37.0	41.4	25.7
8 月 4 日	1.46	974.4	127.5	27.5	41.1	31.1	33.2	41.4	25.7

（1987，扬州）

表3-3 不同移栽期对马蹄生长的影响

播种期	移栽期	生长期（天）	株高（厘米）	分株数（株）	分株次数（次）	叶状茎数（根）	单株结果数（个）
6月20日	7月20日	125	105	11.3	2～3	1008.3	287.4
6月20日	7月29日	120	98	9.6	1～2	980.2	216.8
6月20日	8月6日	107	87	8.5	1～2	839.7	169.1

五、定植方法

1. 起苗。小心将秧苗连球茎一并挖出，注意剔除叶状茎簇生且纤细的雄马蹄苗，因雄马蹄苗栽植后不易发生分株。早水马蹄秧苗育秧时间长，已产生许多分蘖和分株，可将其与母株一并挖出，再将母株上的分蘖和分株一一分开，将根系理齐，然后栽植。晚水马蹄拔秧时，将秧苗连球茎一起小心挖出。秧苗挖起后洗去泥土，用25%多菌灵可湿性粉剂500倍稀释液，或45%秆枯净可湿性粉剂500倍稀释液，或甲基托布津800倍稀释液浸根1～2小时，以减少病害发生，然后再定植。

2. 栽植深度。栽植带球茎的秧苗以球茎入土深9厘米，根系搭着泥为宜；栽植不带球茎的分株苗则应深些，以入土12～15厘米为宜。田块肥沃，淤泥层厚，生长期长的秧苗，可适当深栽；生长期短的，则浅栽。如栽得过浅，分株过多，易发病和倒伏，结荠少；过深，则发棵慢，分株少，结荠深，不易采收。栽植不带球茎的分株苗时先将根系理齐，然后插入土中，深 12～15 厘米。定植密度因定植时间、土壤肥瘦、定植用苗种类不同而不同。一般栽植密度为每亩 2500～5000 株。

栽植分株苗时，如果秧苗过高，应割去或剪去梢头，可在叶状茎 30～35 厘米处剪去末梢，以防止栽后植株因风吹摇动而影响扎根或招风吹折。在田中育苗者，可用双手将秧苗连泥全兜托起，然后分苗带泥栽入田中，分苗时割去主芽弱苗。采用侧芽壮苗，每株留 5～6 条壮苗。如秧苗过高，也可以剪去先端。栽植行距 50 厘米，株距 25 厘米，深度一般以 3～5 厘米为宜。选择阴天或晴天下午进行，以免秧苗枯萎影响成活率。

要注意的是，定植后 3～5 天，如秧苗浮起或枯黄应及时补苗。另外，细弱的叶状茎及纤细的雄马蹄苗应予以拔除。叶状茎叶梢枯黄的植株多数是虫株，也要拔除，并补苗。

3. 合理密植。建立合理的群体结构是丰产的基础。马蹄球茎的充实膨大依赖于地上叶状茎源源不断供给充足的光合产物，群体结构越合理，球茎的膨大发育越充分。如群体过大，易造成郁蔽现象，光合作用效率低，叶状茎软弱，容易感病；相反，群体过小，不能充分利用光能。

对于单季中、晚稻稻田和夏季茭白、席草茬的伏水马蹄，若用球茎苗栽植，密度以每亩 3000～3500 株为宜，行距 50～55 厘米，株距 35～40 厘米；若用分株苗栽植，密度以每亩 4000～5000 株为宜，行距 50～60 厘米，株距 25～30 厘米。接早稻茬的晚水马蹄，需栽植球茎苗，7 月 30 日前栽植的密度以每亩 4000 株为宜，行距 50～60 厘米，株距 30 厘米左右；8 月栽植的密度以每亩 4500～5000 株为宜，行距 40～50 厘米，株距 25～30 厘米。

在合理密植的情况下要严防倒伏。据测定，倒伏与产量是极显著的负相关关系，且倒伏期出现越早，对产量的影响越大。

马蹄定植应视季节、土壤肥力而定。对地力肥的水田，早水马蹄可以稀植些，一般行距 63 ～ 66 厘米，株距 30 ～ 33 厘米，亩栽 3000 穴左右，每穴 1 株；伏水马蹄，一般行距 46 厘米，株距 33 厘米，亩栽 4000 穴左右；晚水马蹄定植较晚，应加大密度，每亩要栽 5000 ～ 6000 穴。早水、伏水马蹄栽植可适当深些，一般为 9 ～ 12 厘米，以免分蘖过多，引起郁蔽，滋生病害；晚水马蹄栽植可浅些，以促进分蘖、增加分株，栽植深度为 4 ～ 8 厘米，以苗能自立不倒为宜。

由于华南地区的马蹄多数安排在早稻收获后种植，其有效生育期比早栽的相应缩短，势必会影响生理生长，因此要想获得马蹄高产，必须适当增大种植密度。据试验观察，一般每亩栽 2000 ～ 2500 株较为理想（见表 3-4），过疏大果率高（20 克以上），但单位面积结球量少，产量低；过密虽结球量多，但大果率及单位面积产量均较低。

表 3-4　不同栽植密度产量比较

栽植密度（株/亩）	播种期	移栽期	折合亩结球数（个）	折合亩产量（千克）
1500	6 月 23 日	7 月 26 日	120739.4	2291.8
2000	6 月 23 日	7 月 26 日	138331.9	2654.7
2500	6 月 23 日	7 月 26 日	148349.1	2768.1
3000	6 月 23 日	7 月 26 日	154561.9	1905.9

第五节 田间管理

一、科学追肥

总体施肥原则："施足基肥，适时追肥，施好结荸肥；氮、磷、钾并重，前氮后钾。"氮肥在定植后分蘖分株发生时施入，磷肥主要体现在基肥中，钾肥避免使用氯化钾，中后期常用硫酸钾复合肥、磷酸二氢钾等品种追肥，即前期施少量氮肥，促使移栽苗返青早生快发，中后期重点追施磷肥、钾肥。充分掌握"前促、中稳、后攻"步骤，根据不同生长发育时期进行施肥。生产中追肥大体按以下五个阶段进行。

1. 分蘖肥。移栽后 7～10 天返青，结合中耕除草撒施硫酸钾复合肥 10 千克／亩，或用尿素 5 千克／亩加硫酸钾 5 千克／亩浇蔸。

2. 分株肥。移栽后 15～20 天为分株初期，结合除草撒施硫酸钾复合肥 15 千克／亩，或施尿素 7.5 千克／亩加硫酸钾 7.5 千克／亩。

3. 踏青肥。移栽后 25～30 天为分蘖初期，按 1000 千克／亩施青绿肥，用脚踏入泥层。

4. 结荸肥。白露（9 月 7 日）前后为结荸初期，撒施硫酸钾复合肥 15 千克／亩。

5. 球茎膨大肥。10 月初为促球茎膨大，撒施硫酸钾复合肥 25 千克／亩。霜降前视苗情、土情，再施一次膨大肥。

二、合理灌溉

合理灌溉指前期浅水勤灌,中期干湿交替,后期脱水晒田。具体可分为 3 个步骤:第一步,早期分蘖分株应小水灌溉常态化,保持 2 ～ 3 厘米的浅水层。第二步,中期结荸膨大要大水灌溉,保持 5 ～ 7 厘米的水层,并持续 7 ～ 10 天;停止施肥后 15 天,应小水灌溉,水层浅至 2 ～ 3 厘米。第三步,地上部叶状茎自然枯黄后,及时排水露田,保持土壤湿润状态。

施分株肥、结荸肥前 3 ～ 5 天脱水露田或晒田,在生产上有五个好处:一是防徒长,二是增加耕层含氧量,三是促进肥料分解,四是促进根系生长,五是促进匍匐茎生长。露田的标准:用手按有印而手不沾泥,待有细裂缝时应立即灌深水,两天后再施肥。

大田移栽正值高温季节,及时灌水一定程度上可避免幼苗烧根和叶状茎"生理干旱",利于提早返青和分蘖分株生长,此时水层深度为 5 ～ 6 厘米;返青后至分蘖分株期,保持水深 3 ～ 5 厘米,短期内促成营养体系建立,为结荸打好基础。封行后至球茎膨大期,水层加深,保持 8 ～ 10 厘米,利于抑制无效分蘖分株的发生,促进养分集中向球茎转运。此后田间水层渐次沉降,保持干湿适宜,抑制过旺生长。球茎充实膨大后期,地上部叶状茎常会倒伏,应放干田水避免早熟的球茎萌芽,提高大果率。桂林地区灌溉试验站通过对桂林马蹄耗水规律进行分析,提出合理灌溉模式:利用前期控水灌溉,抑制无效分蘖分株,提高马蹄大果率;利用后期控水灌溉,改善马蹄品质;保持隔 4 ～ 5 天灌 1 次水的轻度间隙灌溉,田间保持 3 天有水层，2 天无水层。具体技术要点如下。

1. 浅水返青，满足移栽恢复期需水。

2. 控水保一次分株数，增加有效分蘖分株数。

3. 露田或晒田，保二次分株、控三次分株，抑制无效分蘖分株。

4. 开启深灌，后期适当露田，进一步抑制无效分蘖、无效结荠。

5. 保证灌水，适时短期露田，确保球茎充实膨大、积累营养物质。

6. 间隙灌溉、干湿适宜，加速球茎糖分、淀粉等物质积累。

生产中应注意以下三个问题：一是高温干旱季节，视苗情加深水位；刮西北干风天气时，要深水满灌；当气温在 30℃ 以上时，早晚灌水、防止热伤；10 月寒潮降临时即灌即排，俗称灌 "跑马水"。二是施过多有机肥，水面呈泥土上浮或稀糊状时，适当排水露田或撒施明矾粉 4～5 千克／亩，利于泥土沉降，促进根系生长。三是球茎越冬，保持耕层湿润状态，避免田间干裂，冻伤或冻坏球茎，导致减产甚至绝收。

三、中耕除草

从移栽大田到封行期间，结合追肥须进行 2～3 次中耕除草，每次除草耘田之后，须追肥 1 次。移栽大田 8～10 天秧苗进入返青期，查苗补缺并着手第一次中耕除草，做法是以秧苗为中心向四周推泥，疏松平整并将杂草埋入土层，秧苗有非虫伤黄化的，小心去除腐烂种球、促发新根。10 天后进行第二次中耕除草，做法是捣碎泥块，拔除杂草，下田时用脚尖入泥，避免踩断匍匐茎和根系。到分蘖分株后期，对过密植株，结合除草疏除部分弱苗。封行后不再下田，确保叶状茎、匍匐茎自然生长。

除草有人工、化学两种方式，但在马蹄田间滥用化学除草剂，只会对终端产品品质等方面造成多重负面影响。从加强环保意识以及未来发展趋势出发，提倡并坚持人工除草，造福消费者。

马蹄田间除杂草

第六节　马蹄主要病虫害的综合防治

一、主要病害及其防治

（一）马蹄秆枯病

马蹄秆枯病又称"马蹄瘟"，广泛分布于各马蹄产区，是桂林市马蹄生产过程中最常见的主要病害之一。据观察，该病从马蹄出苗至茎秆停止生长的整个生育期均可感染。桂林地区马蹄一般是早稻收获后（7月底到8月初）才栽植，故此病通常始见于6月底至7月中下旬的育苗期间，大田主要发病时段则在8～10月。植株感病后地下茎不结荠或结小荠，对产量和品质影响很大。近些年，随着马蹄种植面积不断扩大，秆枯病在各地都有不同程度的发生和为害，并呈现逐年上升趋势。其中老产区、连作田又比新植区、轮作田发病重。据调查，一般发病率在20%以上时，就会减产50%左右；发病率在40%以上时，减产70%以上；重病田发病率可达100%，致病秆枯死倒伏，球茎损失45%以上，甚至绝产。

1.发病特点。马蹄秆枯病具有发病早、来势猛、扩展快、易与生理性红尾病混淆、不易被及时识别、难以对症防治等特点，在生产中容易造成严重为害。病害先始于主苗，逐渐感染分蘖苗，同一时期主苗病情明显重于分蘖苗。秆枯病依靠风、水、土壤传播。影响病害流行的主要因素是气候条件，发病适宜温度为20～29℃，当气温适宜时，湿度决定病害流行程度，在阴雨连绵、浓雾的天气病害发展迅速。马蹄植株封行前，病情发展缓慢；封行后，遇到多雨或多雾的天气，相对湿度高，病株率上升最快。过度密植，偏施氮肥，尤其是前期施氮肥过多，植株旺长柔嫩，或马蹄生长后期脱肥、缺水，均可导致植株抗病力下降，加重发病，容易引起病害流行。发病早的田块，病情一般较重，产量损失亦较大。

2.为害症状。马蹄秆枯病菌主要为害马蹄植株的茎秆、叶鞘和花器。全生育期均可发生，一旦发生，病情来势猛，扩散快，可使成片植株倒伏枯死。常常形成发病中心，由中心逐渐向四周扩散，通常病叶上有黑色小斑点，高温湿润条件下病叶表面有浅灰色霉层。具体表现为叶鞘感病，基部初生暗绿色水渍状不规则病斑，后可扩大至整个叶鞘，表面多生黑色长短不一的条点（即病菌的分生孢子盘），最后病部呈灰白色。茎秆为害多由叶鞘上的病斑扩展所致，初为暗绿色水渍状，一般为梭形，有时也呈椭圆形或同心轮纹状或不规则形。病部组织发软、凹陷，表面也生有黑色条点。病斑可相互重叠成较大的枯死斑，严重时全秆倒伏、枯死，呈浅黄色稻草状。早晨露水未干或湿度大时，病斑表面可见大量浅灰色霉层。花器染病，症状与茎部类似，多发生在鳞片或穗颈部，致花器黄枯。

3.防治方法。秆枯病的防治要以预防为主，综合防治。

（1）推行轮作，及时清除病株，消灭病原体。该病菌只侵染马蹄和野马蹄，可在田间存活一年以上。特别是在老产区，实行三年以上的轮作，是防治该病经济有效的措施。或改种其他作物，如莲藕、茭白等，也能收到较好的防治效果。挖马蹄前，将病苗全部割除，集中烧掉，挖净病荸。翌年开春后，把遗留田中的马蹄打捞干净，以减少病原基数。此外，把田边、沟边的野马蹄及自生苗铲除干净，以减少初侵染源。

（2）选用抗病品种及无病虫害球茎，种植脱毒试管苗。结合生产或加工所需，因地制宜选用抗病高产的马蹄品种或无病虫害球茎做种，有条件的也可选择种植马蹄脱毒组培苗，在一定程度上可减少马蹄秆枯病的发生，减轻为害。

（3）加强田间管理。及时拔除田间病株，防止病害传播蔓延。施足基肥，多施农家肥，氮、磷、钾肥配合使用。科学管理水肥，改善植株的生长状况，提高其抗病能力及受害后的补偿能力。合理密植，防止株丛生长过密过旺，增加田间的通风透光性，促使植株生长健壮，提高其抗病菌能力。应重施基肥和有机肥，前期不要偏施氮肥，进入结球期再追施氮、磷、钾肥和锌、硼等微肥。

在水分管理上，湿润育苗，浅水移栽，寸水返青，薄水水层（5～7厘米）分蘖分株，植株足够且封行后，应灌8～10厘米水层控苗，除非是植株生长过旺、株间郁闭的田块，一般不应排水露田。高温季节适当深灌以降低水温和土温，预防秆枯病的发生和蔓延。待球茎基本定型后，保持土壤湿润直至采收。同时做到排灌分开，避免串灌和漫灌，以防止病菌随水流传播蔓延，降低因发病造成的损失。

（4）药剂防治。除做好种荠、种苗、土壤消毒外，病虫害发生初期要及时喷药。马蹄播种移栽时用25%多菌灵500倍稀释液浸种浸根，初发病时用25%多菌灵+50%甲基托布津500倍稀释液混合液茎叶喷施，可有效防治马蹄秆枯病。

马蹄秆枯病

（二）马蹄枯萎病

马蹄枯萎病又称基腐病，是马蹄生产常见的主要病害之一。中等发病田可减产 30%～40%，重病田则减产 80% 以上甚至绝收。整个生长季节均可发病，尤以 9 月中旬至 10 月上旬发病最严重。马蹄枯萎病在秧苗期就有发生，9 月上旬表现明显，特别在封行后和雨后易感病，表现为病茎基部软腐、茎基维管束变褐色、地上失水的叶状茎易拔起。田间缺水时，基部布满粉红色黏稠物，发黑腐烂的茎基一夜后长出白霉。田间有发病中心，枯萎病整株外观有"黄枯"和"青枯"两种。

1. 发病规律。枯萎病病原菌为半知菌亚门尖镰孢霉马蹄转化型真菌，该病菌主要在土壤中越冬，以潜伏状态存在于球茎上，成为翌年的初侵染源。病菌生长和产孢温度为10～35℃，适宜温度为25～30℃。该病一般始见于6月中旬，到7月中旬栽插前一直有零星发病。移栽到大田后，有些带菌的秧苗不能成活，8月下旬开始，发病重的田块可出现发病高峰，严重的田块70%以上的植株会枯死。随着气温的降低，适于病害发展，病情扩展加速，表现为暴发性，几天时间内由青绿突然发展为整片田块青枯而死。多数田块在9月上旬前发病轻，9月中下旬才突然暴发，有些甚至到10月初结马蹄时才暴发，症状为青枯。到11月中旬以后，气温进一步下降，不利于病菌生长发育，病害停止发展。

2. 为害症状。马蹄枯萎病是一种毁灭性病害，可侵害根、茎部和球茎，播种至采收期都可发病。受害后，马蹄烂芽、苗枯和球茎腐烂，尤以成株期受害严重。苗期或成株期染病茎基部初变褐色，植株生长衰弱、矮化变黄，似缺肥状，少数分蘖开始枯萎，直至全株枯死；根和茎部染病呈黄褐色至暗褐色软腐状，致植株倒伏或枯死，局部可见粉红色霉层，即病菌的分生孢子座和分生孢子。球茎染病后，荸肉变褐腐烂，球茎表面亦可产生少许粉红色霉层。

3. 传播途径。马蹄枯萎病的病菌以菌丝形态潜伏在马蹄球茎上越冬，并可随球茎作为蔬菜或种球的调运而进行远距离传播。

4. 防治方法。由于该病的发病部位在土壤中，而病菌在土壤中可长期存活，防治十分困难，因此对于该病的防治，应采取农业措施与化学防治相结合的原则，在防治策略上应以预防为主，药剂治疗为辅。

（1）农业措施：①不在病田留种。不用上一年的病田栽培马蹄，压缩侵染源。②选择无病种苗。③合理施肥，提高植株抗病力。总的原则应是氮、磷、钾肥配合施用，每次施肥都应带磷带钾，且应控制施氮量。基肥占施肥总量的30%，追肥占70%。追肥应采取"少吃多餐"的原则，每隔10～15天追施1次。切忌一次施重肥然后长时间不追肥，这样易造成前期荠苗生长过旺，后期脱肥早衰，降低植株抗病性，诱发病害。④实行水旱轮作，适当用水。马蹄是水生植物，但也忌长期深水灌溉。长期深水灌溉会造成根系生长不良，黑根多，易腐烂。宜浅水勤灌，但也忌过度烤田，如烤到土面开裂，则造成茎基通气，有利病菌生长，从而加重病害。⑤及时拔去病株，带出田外销毁，以减少二次侵染源。

（2）化学防治：①土壤消毒。大田翻耕时，每亩施生石灰50～75千克或用敌克松3千克兑20倍细土撒施。②秧田防治。于移栽前连喷2次50%果病克或36%粉霉灵或50%多菌灵，1500克/公顷，间隔7～10天施药1次，做到带药下田，防止移栽时植株伤口感染。③枯萎病发病初期，选用益生元重茬剂按每亩10千克撒施，20天撒1次，连撒2次，可有效控制枯萎病的发生。喷药时加入适量恶霉灵、微肥促根系生长，提高抗病能力。④大田防治。在6月中旬开始用50%多菌灵可湿性粉剂600～700倍稀释液喷洒，每隔15天左右喷药1次，共喷5～6次。

马蹄枯萎病

（三）马蹄茎腐病

马蹄茎腐病的病原菌为新月弯孢霉。

1. 为害症状。该病一般在 9 月上中旬盛发，发病的叶状茎外观症状为枯黄色至褐黄色，发棵不良，病茎较短而细。发病部位多数在叶状茎的中下部，病部初呈暗灰色，后扩展成暗色不规则病斑,病健分界不明显,且病部组织变软易折断。湿度大时，病部可产生暗色的稀疏霉层。严重时，病斑可上下扩展至整个茎秆，呈暗褐色而枯死，但一般不扩展到茎基部。

　　风雨天气有利于该病的发生。因为大风吹刮会使马蹄茎秆上留下伤口，雨水有利于病菌孢子的产生、传播、萌发和侵入。从病菌生物学特性来看，9 月气温也有利于病菌的发育与病害的发展。10 月以后病情减轻，一般不易发生新的病茎。缺肥、土质浅、地势低和灌水过满的田块较易发病。至于病菌的来源，球茎带菌的可能性不大，而叶状病茎若不腐烂，病菌至少可存活 8 个月，因此叶状病茎可能是重要的初侵染源。

马蹄茎腐病

　　茎腐病为害严重的植株其外观症状与马蹄枯萎病的外观症状有相似之处，可根据茎基部维管束有无变色加以识别。

　　2. 防治方法。一是清除发病田块的病苗。挖马蹄前，将病苗全部割除，集中销毁。翌年开春后，把遗留在田中的马蹄打捞干净，以减少病原基数。二是大风大雨过后，可用25% 施保克乳油 1500 倍稀释液，或 70% 甲基托布津可湿性粉剂 800 倍稀释液，或 40% 五氯硝基苯粉剂 500 ～ 600 倍稀释液喷洒防治。每隔 7 ～ 10 天喷 1 次，连喷 3 ～ 4 次。可视病情轻重增减施药次数。

　　（四）马蹄白粉病

　　马蹄白粉病俗称"马蹄湿"，9 月以后发病最严重，蔓延也快。

　　1. 为害症状。该病属真菌界子囊菌，主要为害茎叶，花器亦可染病。从苗期至收获期均可染病，发病初期茎叶上产生近圆形星芒状小粉斑，随后向四周扩展成边缘不明显的白粉斑块，老熟变为黄色，病叶黄枯，严重时布满整条茎秆，造成病茎早枯。在高温多湿的条件下，偏施氮肥，缺钾的田块容易发生白粉病。

　　2. 防治方法。防治方法与用药可与秆枯病的相同，此外，药物还可选用三唑酮、腈菌唑、硫黄、多菌灵、醚菌酯等交替使用或与秆枯病的防治药混合使用，如用苯甲·嘧菌酯等。

马蹄白粉病

（五）马蹄锈病

马蹄锈病一般发生在 9 ～ 11 月，病重时植株倒伏，导致严重减产。

1. 为害症状。初始茎上出现淡黄色或浅褐色小斑点，近圆形或长椭圆形，为稍凸起的夏孢子堆。以后夏孢子堆表皮破裂，散出铁锈色粉末状物，即夏孢子。当茎秆上布满夏孢子堆时植株即软化、倒伏、枯死。中国马蹄锈病的病原菌为离生柄锈菌，该菌在我国仅见于夏孢子阶段，至今未发现冬孢子阶段。

2.防治方法。可用40%杜邦福星乳油10000倍稀释液，或68.75%杜邦易保可湿性颗粒剂1500倍加90%杜邦可灵可湿性粉剂2000倍混合液，或15%三唑酮可湿性粉剂1000～1500倍稀释液，或50%萎锈灵乳油800倍稀释液喷雾防治，隔15天左右喷药1次，共用药1～2次。

（六）马蹄灰霉病

马蹄灰霉病属真菌性病害，病原菌为半知菌亚门灰葡萄孢。该病不仅在田间为害，还可在贮藏期侵染，导致损失严重。

1.为害症状。该病主要发生在采收及贮藏期的马蹄球茎上。多在伤口处产生鼠灰色霉层，即病菌的分生孢子梗和分生孢子。被害球茎内部呈深褐色软腐状。该病菌以菌丝或分生孢子形态在马蹄球茎及病残体上越冬，分生孢子借气流传播，从伤口侵入致病。贮藏期湿度大时，发病严重。

2.防治方法。一是选用无病种荸。用25%多菌灵可湿性粉剂250倍稀释液或50%甲基托布津可湿性粉剂800倍稀释液浸泡种荸18～24小时后，按常规播种。二是注意及时喷药保护。在生长季节及时检查，如发现少量病株要立即喷药。田间发病初期喷洒50%速克灵可湿性粉剂2000倍稀释液，或50%扑海因可湿性粉剂1000～1500倍稀释液加70%甲基托布津可湿性粉剂1000倍稀释液，或40%多硫悬浮剂700～800倍稀释液、杀灭尔1000倍+扫病康1500倍混合液，或嘧霉胺 800 倍 + 福施壮 2000 倍混合液喷雾防治，隔 7 ～ 10 天喷 1 次，连续喷 2 ～ 3 次。三是贮藏期球茎用 45% 特克多悬浮剂 3000 倍稀释液，或 50% 扑海因可湿性粉剂 1000 倍稀释液喷淋，并结合冷藏，防治效果更好。四是在马蹄收获时出现此病，应立即隔离，除去发病球茎。此病从感染到发病要经过一段时间，一些看似健康的球茎也有感染病菌分生孢子的可能。因此马蹄贮藏期间应保持环境干燥，减少该病的发生。

马蹄灰霉病

（七）马蹄小球菌核秆腐病

马蹄小球菌核秆腐病的病原菌为半知菌亚门的小球菌核病菌。病菌以菌核形态随病残体遗落在土中越冬。翌年菌核随灌溉水漂浮水面，接触马蹄植株基部后萌发菌丝，侵入致病。长期深灌更易发病，后期排水过早或过干会加重发病。品种间抗病性差异情况不明。

1.为害症状。马蹄小球菌核秆腐病一般在9～11月发病。主要为害叶状茎。初在茅秆基部产生水渍状暗褐色斑，之后沿茎秆向上扩展，围绕病秆，被害部软腐，严重时导致全株枯黄、倒伏。叶鞘内外及茎秆内部产生大量的初为白色、老熟后呈近圆形、由黄褐色变成黑色的针头大小菌核。湿度大时，病部表面亦产生厚密的白色菌丝体。地下根部及球茎有的亦变褐色而坏死。

2.防治方法。一是选择栽培抗病品种。二是加强水肥管理。增施有机质肥和钾肥，避免偏施氮肥，适时喷施叶面肥，促使植株稳生稳长。管理好水层，避免长期深灌，中期适当露晒田，后期防止断水过早、过度。三是早喷药预防控病。封行后喷施70%甲基托布津可湿性粉剂800倍稀释液，或30%噻井可湿性粉剂1000倍稀释液，或22%双井水剂400倍稀释液，或40%异稻瘟净乳油600倍稀释液，或40%克瘟散乳油1000倍稀释液，或15%三唑酮可湿性粉剂1000倍稀释液，隔10～15天喷1次，喷雾2～3次，交替喷施，前密后疏，着重喷植株叶状茎下部。喷药时排干田水，48小时后再按植株生长所需回水。

（八）马蹄生理性红尾

马蹄生理性红尾为生理性病害，其症状为马蹄管状叶出现红尾不干苗或只出现顶端一小节管状叶干枯。

1. 为害症状。该病多发生在 8～9 月，主要出现在种植多年的田块，由于缺少硼、锌等微量元素和有机质而引起，发病部位主要在马蹄茎秆尾部。其与秆枯病的区别在于生理性红尾发生在茎秆的尾部，表现为黄褐色干枯，其上没有着生黑色斑点；秆枯病初期为水渍状，后为暗绿色病斑，然后整条叶状茎干枯，发病后期整株枯死，常常形成发病中心，由中心逐渐向四周扩散，通常病叶上有黑色小斑点或短线状斑点，高温高湿条件下病叶表面有浅灰色霉层；在发生时间上，马蹄秆枯病在马蹄封行后的高温高湿条件下极易发生，时间较生理性红尾晚。

2. 防治方法。主要是在前期预防，出现该症状的田块应多施农家肥和生物有机肥，撒施硼锌复合肥、壮根龙，并结合防病喷施如金甲硼、植物龙等叶面肥。具体施用方法：每亩撒施硼砂、硫酸锌各 2 千克或硼锌铁镁肥 2～3 千克，也可每亩用磷酸二氢钾 150 克兑水 50～60 升，结合含硼叶面肥进行喷施，每隔 5～7 天喷 1 次，连喷 2～3 次即可。如果马蹄生理性红尾与秆枯病混发，可加敌力脱等防秆枯病菌药剂一起喷施。

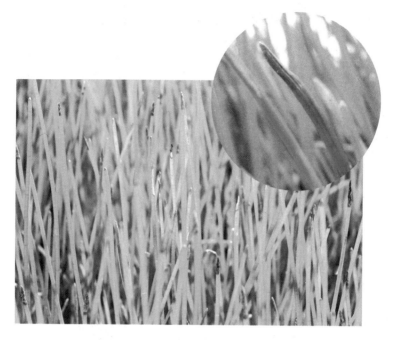

马蹄生理性红尾

（九）马蹄腐烂病

1.为害症状。马蹄腐烂病可分为生理性病害、褐腐病和干腐病。调查结果表明，造成腐烂病发生的主要因素为生理性烂荠。发生的主要原因：一是施化肥时，水层过浅，使田间肥料浓度过高，导致马蹄体细胞水溶液反渗透，组织坏死，造成烂荠；二是水淹没植株顶造成茎秆倒伏及撞伤，荠苗感病后也易造成烂荠；三是马蹄膨大期时，人、畜下田过多，伤根伤皮引起烂荠。

2.防治方法。施用化肥时应注意保持适宜的水层，下雨天应注意排水，以防止马蹄被淹；马蹄膨大期应尽量避免人、畜下田，以免伤及根部和荸皮。

二、主要虫害及其防治

（一）马蹄白禾螟

白禾螟，俗称马蹄钻心虫，又名白螟、纹白螟，是马蹄生产上最严重的虫害。白禾螟属鳞翅目螟蛾科，长江中下游地区在马蹄生长期间发生四代，以幼虫蛀食茎秆基部为害，大田发生第三、第四代，世代重叠，没有明显的发生高峰期。第一、第二、第三、第四代发生时间分别为6月上旬至7月中旬，7月中旬至8月上旬，8月中旬至9月中旬，9月中旬至翌年6月上中旬，每月1代，其中发生量最大、为害最重的是第三代，也是防治的重点时期。

1. 发生规律。白禾螟主要以幼虫在枯死的马蹄茎秆中越冬。翌年4月上旬转移到看麦娘、野稗子等杂草上继续取食，5月上旬野生和栽培马蹄自生苗出土，大部分幼虫就转移到新出土的自生苗上。

白禾螟成虫有趋光性，常常长时间停息在马蹄秆上。卵多产在嫩绿、茂密的植株上，产卵部位多在离马蹄茎尖6～7厘米处。一般每茎产卵1块，少数产卵2～3块，每块卵一般60～70粒，有的超过100粒。初孵幼虫善爬行，可吐丝借风力迁移。卵孵化1小时后，幼虫从上部侵入茎秆，沿管壁穿透茎内横膜向下移动，钻入叶状茎咬食茎秆基部，造成叶状茎大量枯死，以致少结或不结荸。白禾螟有群集性，平均每株7～8条，多者超过30条。2～3龄后开始转株为害，每条幼虫平均可害 3～4 株，最多达 6 株。被害茎秆先发红，后变红褐色而枯死。

幼虫以蛀食叶状茎秆为主，蛀空叶状茎内的横膈膜，使叶状茎先从顶端褪绿枯黄，从上到下由绿变红，然后转黄，最后茎秆变褐腐烂，导致整株枯死。有成团为害状。分蘖期受害，萌蘖减少，导致分蘖不足。球茎膨大期受害，茎秆枯死，影响球茎膨大，降低产量。

2. 防治方法。一是马蹄收获后，应及时清除并集中烧毁田间遗留的残茎枯叶，降低病虫越冬基数，还可以每亩撒施 10～20 千克的生石灰，以杀灭越冬虫源。5 月上旬前铲除遗留在田间球茎的野生苗，杜绝一代虫源。二是保护白禾螟的天敌。创造有利于天敌生存的环境，选择使用对天敌杀伤力低的农药，利用苏云金杆菌等生物农药进行防治。其卵可被稻螟赤眼蜂寄生，其幼虫和蛹的天敌有稻红瓢虫、蜘蛛、蚂蚁、青蛙、蜻蜓、燕子等。田边、沟边杂草不宜全部清除，利于保护天敌。三是物理防治。在 5～10 月，采用频振式杀虫灯诱杀，每 30000 平方米设杀虫灯 1 盏，主要诱杀白禾螟、二化螟、大螟等害虫，这样可在一定程度上减少农药的使用，对环境保护也有积极意义。四是适期育苗移栽。马蹄育苗以 6 月中旬末为宜，移栽期以 7 月中旬为宜，可避过第二代白禾螟为害，减轻第三代为害，有利于分蘖、分株和结荠，夺取高产。在 5 月上旬，每亩马蹄苗期秧田用杀虫双颗粒剂 2 千克闷杀第一代白禾螟。

在防治策略上，要加强田间观察，找准卵块孵化高峰期，狠治第二、第三代为害，早治第四代为害。要合理用药，重点防治第三代为害，控制在卵块孵化高峰前 2～3 天用药，以 35％果虫净 500 倍稀释液喷洒，或每亩用 3％米乐尔颗粒剂 2.5～3.0 千克或 3％杀虫双颗粒剂 1.5～2.0 千克撒施防治。

同时在第三、第四代白禾螟孵化高峰后 1～2 天，用 18％杀虫双水剂 300～400 倍稀释液加 90％晶体敌百虫 800 倍稀释液，或 20％三唑磷乳油 500～600 倍 +20％甲基异柳磷乳油 500～600 倍混合液喷雾防治。防治中要交替用药、复配用药，以减弱百禾螟的抗药性。

每亩还可用细硫黄粉 4～5 千克 + 50％多菌灵 0.5 千克 + 75％敌克松可湿性粉剂 0.5 千克拌入肥料施入田中，这 3 种药剂也可单独与细泥或细沙 15～20 千克配成药土施入田中，在 8 月中旬、9 月中旬各施 1 次，对预防马蹄秆枯病、枯萎病及茎腐病的发生均有良好的效果。

白禾螟为害

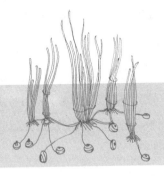

第四章
马蹄组培苗栽培

马蹄组培苗是选用优良品种，利用组织培养方法取其茎尖培育的脱毒试管苗，具有植株生长势强，种苗不带病毒，抗逆性好，大果率高，产量高，品质好的优点。选用组培苗普遍比选用种球种植的产量高，每公顷产量33.0～37.5吨，最高50.67吨，一般增产15%～60%。组培苗大果率占

马蹄组培苗田间生长状况

44.0% ～ 55.6%，一般比常规育苗提高 9% ～ 20%。组培马蹄
还表现为抗病性强，马蹄秆枯病发生率只有 1% 左右。其果实
具有皮薄、脆甜、多汁、化渣、爽口等优良品质，深受广大
种植户和消费者的欢迎。

第一节　组培苗育苗技术

　　组培苗幼苗较弱、矮小，不能直接用于大田生产，必须
经过原种圃的移植，经二段田育苗，培育多分蘖的壮苗才能
移到大田。这种育苗技术的优势：一是分段繁殖，便于管理，
提高成活率；二是提高组培苗的繁育系数，降低成本；三是
培育出多分蘖的壮苗定植到大田能早生快发夺取高产。

一、一段田育苗

　　1. 秧田的准备。秧田最好选择前茬种植水稻或其他作物
的田块，且背风向阳，田块平整，水源丰富，排灌方便，土
壤疏松肥沃，前茬为旱作或头年未种马蹄的田块。育苗前提
前一个月用除草剂除草，待草干枯死亡后，再犁田翻晒，每
亩撒施生石灰 75 千克消毒，然后灌水沤田。种植前两天，再
翻耙一次，然后把田水放干，呈泥糊状，结合整田施入基肥，
每亩撒施生物有机肥 25 千克，速效复合肥 5 千克作基肥，再
耙匀使田泥沉淀起浆。待泥浆沉淀后 8 ～ 12 小时再起畦开沟，
畦面宽约 1 米，行沟 50 ～ 80 厘米，用刮板把畦沟泥捞到畦

面上，然后用刮板耙平，使畦面平整、稍呈龟背形，有利于排水，沟要能储水。做好秧田后，捡出或用茶麸杀灭福寿螺，3～5小时后再插组培苗。每500亩大田用苗需用1亩的一段田进行育苗。

2. 育苗时间。组培苗一段苗秧龄期为30～35天，二段苗秧龄期为50～55天，秧苗期共80～90天，比本地品种直接用种蹄育苗的时间长50天左右，因此，育苗要提前到每年的4月中下旬为宜，每亩大田用小苗200株。

3. 育苗方法。

（1）小苗处理。马蹄组培苗从广西农业科学院生物研究所取回来后，如果来不及移植下田，首先要从纸箱里拿出来，在通风通光的地方晾开，可保存15～20天。育苗时先把马蹄组培苗的尾部剪掉1/3，从培养袋取出后用清水把营养液冲洗干净，同时把根须纠缠在一起的马蹄组培苗小心分割开来，单株或多个弱苗在一起不便分开的，把马蹄组培苗分成小丛，然后用生根移栽宝（每小包兑水5千克）浸秧根10分钟，即可直接插植到一段田里。

① 插植规格。插植时把单株和丛株分开，单株的插密点，丛株的插稀点，不要插太深，插稳为宜，畦边的一株宜距离畦边10厘米左右。插植规格为株距6～8厘米、行距10～15厘米，每行插15株左右，每亩育苗（除畦沟）40000～60000株（丛）。

② 搭小拱棚。插植后要及时插竹片，竹片长2.5米，每米间距插1根竹片，每亩需插竹片500片，插竹片时要插稳

插正。畦的两头插密点，以固定薄膜的两头，防止薄膜被风吹开，若 0.5 米插 1 根，则多插几根。插完竹片后要及时盖薄膜，薄膜的宽度为 2 米，厚度为 0.02 毫米，每千克 20 米，每亩需薄膜 25 千克。薄膜盖上后要用泥土压实，搭小拱棚盖薄膜的目的是保温保湿，防大雨冲刷。因马蹄组培苗育苗时间早，4 月正是春天气候多变的时候，冷暖交替，如果一段苗插下田后的前 10 天不盖薄膜，当气温低于 15℃，或遇上大风大雨时，由于马蹄组培苗弱小，抗风雨抗低温能力差，露地育苗对苗的生根发苗很不利。马蹄组培苗插下后这 10 天，关键是要保成活，创造条件达到马蹄组培苗生长的温度和湿度，才能正常生根发芽。因此，搭棚盖膜是提高马蹄组培苗成活率的关键措施。

（2）小苗管理。

① 棚期管理。马蹄组培苗插下后这 10 天，为了保成活，要随时观察苗的生长情况，白天晴朗高温时要揭开薄膜两头，通风排湿降温；若遇阴雨低温天气，要挡好两头薄膜，保温防寒；晚上气温较低，也要盖好两头薄膜。为了促使小苗尽快生根，7 天以前，秧苗不能淹水，要保持土壤通气湿润。如果遇晴热天气，造成土壤干旱细裂，要及时灌"跑马水"。在这期间，要密切关注福寿螺的为害，尤其是下雨天，福寿螺会跟随雨水爬到育苗田，畦沟水淹畦面，福寿螺又跟随雨水爬到畦面，把刚成活的小苗吃掉，福寿螺多时为害很严重。当秧苗生长成活后 7～10 天方可拆去小拱棚。如果不及时拆掉小拱棚，小苗由于缺少阳光露水，根系生长差，容易导致弱苗死苗，成活率不高。最好选择阴天或者晴天的下午拆去

小拱棚，让小苗有一个缓冲适应的过程。

②拆棚后的管理。小拱棚拆掉后，要及时灌浅层水，以淹过畦面为宜，以活棵生根。若淹水太深，由于小苗比较弱小，根系不发达，会影响小苗的生长。这时不能马上撒施肥料，可施用一些促进根和叶片生长的叶面肥，以满足幼苗生长的需要。当苗长至15天，有数根叶状茎，根系比较发达时，可撒施少量的复合肥。在施肥之前，为了减少养分消耗，一定要除去杂草，因为前期管水是以湿润为主，干湿交替，土壤通气状况良好，很容易滋生杂草。如果不除去杂草，组培苗就没有生存的空间，因此要及时清除杂草，且需采用人工拔除，不能用除草剂喷杀。清除杂草后，要及时灌水，防止杂草丛生。拔完草后还要及时施肥，每亩可施追施型高氮复合肥5千克，或施用冲施型液体肥1000倍稀释液加0.3%尿素淋施。随着马蹄组培苗的生长，马蹄苗需肥量增多，在一段苗移栽前10天，施一次送嫁肥，亩撒施追施型高氮复合肥7.5千克，施肥时水层要稍微加深，以防肥害。移栽前3天，还要喷施一次送嫁药，用32%苯甲·嘧菌酯杀菌剂加救根护叶水剂叶面喷施，可有效预防苗期白粉病和秆枯病，同时促进幼苗生长。

组培苗一段育苗

二、二段田育苗

1. 秧田的准备。二段田与一段田一样，也最好选择前茬种植水稻或其他作物的田块，且背风向阳，田块平整，水源丰富，排灌方便，土壤疏松肥沃，前茬为旱作或头年未种过马蹄的田块。育苗前提前一个月用除草剂除草，待草干枯死亡后，再犁田翻晒，每亩撒施生石灰 75 千克消毒，然后灌水沤田。种植前两天，再翻耙一次，结合整田施入基肥，每亩撒施生物有机肥 50 千克、缓施型复合肥 10 千克作基肥，耙匀待田泥沉淀后，捡出或用茶麸杀灭福寿螺，3 ～ 5 小时后再插二段组培苗。每 20 亩大田用苗需用 1 亩的二段田进行育苗。

2. 育苗时间。组培苗经一段田育苗 30 ～ 35 天，当秧苗高 20 厘米以上时带土移苗到二段田，育苗时间在 5 月 20 日至 6 月 10 日。

二段田育苗 1

二段田育苗 2

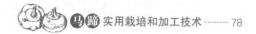

3.移栽。

（1）起苗。在拔秧前，要对全田进行检查，发现马蹄组培苗有变异苗时，要及时清理拔除。变异苗的症状：植株生长比较直立，叶色淡黄色，比较细弱，分蘖较多，插丛苗变异的概率较大。据观察，变异苗是以整袋小苗为整体出现的多（在接种培养基培育的过程中已经变异，插一段苗时还未能分辨出，等培育出二段苗时，可根据症状进行分辨），单株粗壮苗出现变异的可能性较小。为了使一段秧苗移栽到二段田后能尽快地恢复生长，在起苗时，要小心将苗拔起，不要伤根伤苗。如果是插丛苗（几株不易分开的小苗插在一起），苗与苗之间根系纠缠在一起，要小心地把它们分开，尽量带根移植。

起苗

（2）秧苗处理。为了使一段秧苗移栽到二段田后能尽快恢复生长，可用生根移栽宝250克兑水100千克或用救根护叶1包兑水30千克喷秧苗和浸秧根30分钟，可有效提高移栽成活率，促进根系生长，使秧苗早生快发。

（3）插植规格。育二段苗的目的是为了在一定时间内繁殖出更多健壮的马蹄组培苗分株苗，供大田生产用。一要合理密植，育苗过密，分株过多，通风透光条件差，容易导致苗茎秆细小、软弱、徒长，抗病能力差，秧苗素质差；育苗过稀，在单位时间内单位面积育苗数量少，满足不了生产的需要，因此要合理密植，培育出既多又健壮的马蹄组培苗。根据二段苗移栽时间和施肥水平的不同，调整种植密度，移

组培二段苗

栽早，施肥水平高，田浅田肥的适当插稀点；相反，移栽迟，施肥水平低，田深田瘦的适当插密点，株距为 40～50 厘米、行距为 50～60 厘米，亩插 2200～3300 株。二要浅插，育苗繁殖与大田移栽不同，插植深度不能太深，以插稳为宜，浅插能促进生根发苗，深插会推迟发苗时间，发苗数量也不多。

4. 秧田管理。

（1）管水。二段田管水是以"浅水移植，深水回青，浅水分蘖分株"为原则，插植时，水层以淹过田土为宜，插后加深水层，以利返青成活；插后 5 天，植株开始长根分蘖，这时以浅水为宜，水深 2～3 厘米；插后 15 天，可见分株苗出现，灌水仍然以浅水为宜，随着植株生长加快，逐步回水至 3～4 厘米。施肥前可适当露田，增加土壤含氧量，促进根须生长，但不能晒田至开裂，只需轻晒表面且保持湿润就可回水。施肥时要加深水层，防止肥害。

（2）追肥。组培苗移栽 7～10 天，幼苗返青后，每亩施复合肥 10 千克、尿素 5 千克，或用冲施液体肥 500 倍稀释液兑 3% 尿素泼施；移栽后 20 天，正是分蘖分株旺盛期，每亩施复合肥 15 千克、尿素 10 千克。注意施肥时一定要加深水层，防止肥害。

（3）喷施叶面肥。追肥以根际施肥为主，结合叶面喷施效果会更好，马蹄组培苗的生长不仅需要氮、磷、钾肥，还需要有机质及微量元素肥，可以通过叶面喷施来满足马蹄组培苗生长的营养需要。喷施有机质液体肥可用国光稀施美，喷施微量元素肥可用绿芬威微元宝，喷施后可促早生根发苗，使苗粗壮浓绿。

（4）病虫害防治。二段田育苗，正值 6～7 月高温高湿的季节，马蹄组培苗虽然是脱毒苗，种苗不带病，但是生长的环境受土壤、水分、空气的影响，很容易感染马蹄秆枯病、白粉病和枯萎病，因此在育苗过程中应注意这几种病的防治，可选用苯醚甲环唑、丙环唑、戊唑醇药物进行防治，每隔 10 天喷 1 次，移植 1 周前喷 1 次送嫁药。防治白禾螟可用杀虫双颗粒剂撒施闷杀。

喷药防病虫

5. 变异和除杂。荔浦市马蹄组培苗从 2003 年推广至今，已经有 17 年了。从总体上来说，大部分马蹄组培苗表现的性状不错，以高产、个大、抗病性强的优势逐渐被农民认可，农民种植的积极性比较高，种植面积逐年扩大，包括几年来

生物防虫

繁殖的后续种累计在 5 万亩以上，马蹄组培苗的推广应用对荔浦市马蹄生产起到了很好的增产增收作用，但也存在着不容忽视的问题，即马蹄的变异与除杂，这严重阻碍了马蹄组培苗的生产发展。由于不了解马蹄组培苗产生变异的原因及症状，也就不懂如何去辨认和除杂，如果育苗阶段没有进行除杂，马蹄组培苗移栽到大田，生产上会出现不同程度的变异苗，杂株率达 30% 以上，使产量、品质以及商品价值大大地降低。为了解决马蹄组培苗生产上存在的这一问题，我们必须了解组培苗产生变异的原因及症状，减少和防止组培苗变异给大田生产造成的损失。

（1）变异的原因。通过咨询专家和查找有关资料，我们得知马蹄组织培养中发生遗传变异的因素主要有马蹄组培苗组织培养技术还未完善，在技术处理上选择母本生长不优良、植物生长调节剂用量过大、培养基温度过高或过低、光照过强或过弱、繁殖继代数增加等，这些都是造成马蹄组培苗在培养过程中发生变异的原因。

（2）症状的识别。组培苗变异的症状是秧苗期间叶状茎呈淡绿色，矮小细弱，基部呈假叶青色，匍匐茎较细，分株能力强，呈丛状分株，围绕母株分株数多。插到大田后会出现叶状茎矮化，细弱发黄，叶尖枯萎，表现为早衰、结果多、个小、质劣的现象。栽培过程要注意辨认与区别马蹄组培苗优质苗与变异苗（见表4-1）。

表4-1　马蹄组培苗优质苗与变异苗对比

项目	叶色	叶状茎生长数量、角度	高矮粗细	匍匐茎节位、长度	分株能力	结果大小
优质苗	叶色浓绿，着生于叶状茎基部退化的膜状叶较长，呈紫红色	叶状茎较少，生长较开张	幼苗期矮壮，结果期稍高、粗壮	匍匐茎粗壮、节位少，3～4节	分株能力弱，每株分20株左右	大个率50%～70%（40个/千克以下），化渣爽口，甜脆多汁，商品性好
变异苗	叶色淡绿色，着生于叶状茎基部退化的膜状叶较短，呈青白色	叶状茎较多，生长较直立	幼苗期纤细，结果期矮小、细弱，呈早衰现象	匍匐茎细长、节位多，5～7节	分株能力强，每株分30～40株	无大球茎，个小（80个/千克以上），皮厚肉粗，淀粉含量高，无商品价值

马蹄组培苗优质苗（左）与变异苗（右）对比

（3）除杂时间。马蹄组培苗的变异苗在试管育苗期间是无法辨认的，只有脱离试管在苗圃繁殖培育成一定高度的苗才能分辨。据观察，变异苗在育苗期间，苗龄在 30 天以上，苗高 25 厘米以上就开始表现症状，一段苗还不容易分辨，二段苗分蘖分株期可分辨，出现症状的概率是 5%～10%，因此，除杂最适宜在二段苗期间进行，即根据二段苗表现的症状观察是否有变异苗，发现后要及时除掉，尤其是在最后拔苗移栽时，要把好最后一道关，这时还可根据地下部分匍匐茎节位、长度来分辨。如果农民还不能充分认识和辨别变异苗，良莠不分地把组培苗插到大田，就会导致马蹄组培苗混杂而降低产量产值。因此，马蹄组培苗除杂是马蹄生产的一个重要环节。

6. 预防和克服马蹄组培苗变异的措施。为了保证马蹄组培苗的优良性状，在组培的过程中和繁殖育苗阶段，必须按标准化操作规程进行繁殖和培育，严格去除变异组培苗。

（1）选择性状优良、生长旺盛植株的球茎进行组培。

（2）光照要适中，过强过弱的光照都会诱导变异。

（3）温度要适宜，35℃以上，12℃以下对生根长苗都不利。

（4）激素浓度要适当。激素的组成和含量对变异有重大影响，尽量不用2,4-D，降低培养基激素水平，否则会使变异率增高。

（5）减少继代次数。继代培养代数与变异率成正比，经试验，10代以上变异率提高，因此一般控制在10代以内为佳。

（6）不断剔除变异苗。在繁殖田育苗阶段，根据上述变异苗症状，严格剔除变异苗，防止移栽到大田后出现叶状茎矮化，细弱发黄，叶状茎枯萎、早衰、结果多、个小、质劣的现象。

通过以上措施，可把变异率控制在5%以下，这个标准是农业农村部有关规定的许可范围。

第二节　马蹄组培苗大田栽培技术

一、轮作

若每年将马蹄种植在同一块田上，会导致土壤酸化，肥力下降，根系发育差，黄尾现象与病虫害严重，马蹄生长发育不同程度地受阻，产量和品质都受到严重影响，表现出明显的连作障碍，严重制约马蹄产业持续高效的发展。

水稻与马蹄轮作，是桂林种植马蹄传统的轮作方式。上半年种水稻，下半年种马蹄，一年两熟，甚至冬天挖完马蹄还可以种蔬菜，但是水稻、马蹄都是水生作物，一年都不能缺水，在一年内收获完水稻又连作马蹄，土壤长期淹水，会破坏土壤结构，造成土壤板结，土壤的通气性差，对水稻、马蹄的生长都不利。因此，合理进行轮作，且与旱地作物轮作，在治理连作障碍问题上可起到以下作用：一是改善土壤肥力，增强土壤通气透水性，促进土壤微生物活动和根系生长；二是减轻病虫草害，马蹄与其他旱地作物轮作，病虫害和杂草共生性少，不仅破坏了土壤传染病害适宜的生活环境，而且随着马蹄与旱地作物的旺盛生长，杂草也无法继续生长；三是提高马蹄产量品质，增加收入。

马蹄与旱地作物轮作模式可选择：蔬菜与马蹄，蔬菜可选择豆类，如四季豆、豇豆、毛豆等；可以选择瓜类，如黄瓜、青瓜、白瓜、南瓜、节瓜、瓠瓜、苦瓜等；也可以选择茄科作物，如蕃茄、辣椒、茄子。还可以选择叶菜类与马蹄、甜瓜与马蹄、花生与马蹄、玉米与马蹄等轮作方式。这些旱地作物在种植时间上的安排一般在 3～4 月，生育期 60～100天，收获时间在 5 月至 7 月上旬，而马蹄移栽期在 7 月中下旬，上半年种旱地作物，收获以后，有足够的时间进行整地沤田，而且与水稻轮作的马蹄种植时间相比，种植时间提早了，因此，马蹄与旱地作物轮作不仅提高了马蹄的产量，也大大提高了亩产值。

二、田块选择

马蹄有贴泥底层着生的特性，适宜于土质疏松，底土坚实，肥力中上，排灌方便，耕作层在 20 厘米的浅水田栽培。土层深、土质黏重、排水不良的田，以及冷浸田、望天田都不宜种植马蹄。因为土层深的田，结荠不分层，挖收不干净，且影响挖收质量；土质黏重的田，土壤板结，土壤通气性状差，不利于根系生长；排水不良的田，长期淹水，通气性差，氧化还原产物多，也不利于根系生长；冷浸田，田水温度低，马蹄苗生长慢，不利于分株和球茎的形成；望天田，马蹄在干旱的情况下，施不下肥，植株矮小细弱，分株少，结荠小，淀粉粗，商品性差。因此，根据马蹄的生长特性，选择适宜的土壤条件，再增施有机肥可提高土壤肥力，改善土壤理化性状，即使在连作的田块和偏酸的土壤中马蹄也能生长良好。

三、定植

1. 大田准备。马蹄田选择肥沃疏松，底土坚实，耕层浅，排灌方便的水田种植。前茬作物收获后及时整地，由于马蹄在生长期间要经常灌水，因此在整地犁耙田时，田面一定要平整，不应高低不平，以免灌溉后造成土壤干湿不匀，影响马蹄生长。两犁两耙后施入基肥，基肥要以有机肥为主，马蹄分株期要求充足的氮肥，但又不能偏施氮肥，要配合磷、钾肥施用，氮有利于苗的生长，而磷有利于根系的生长。马蹄结荸膨大期，要求充足的钾肥，要施以钾肥含量高的复合肥，或另外补充钾肥，但不能施氯化钾，因为马蹄是淀粉作物，施氯化钾会影响马蹄品质，必须施用硫酸钾。种植多年的马蹄田容易缺少微量元素，如硼、锌、铁、镁等，还应适当给予补充。因此要施足基肥，一般每亩混合施用腐熟猪牛栏粪1500 千克或鸡粪 500 千克或生物有机肥 200 千克或腐熟麸肥100 千克，测土配方缓释肥 25 千克，磷肥 50 千克，锌硼肥 3千克或硼锌铁镁肥 3 千克。以耙平后土壤松软平整为宜。

2. 起苗。移栽前将分株苗小心扯起，留下母株，因母株苗生长已老化。起苗时不要损伤马蹄茎基部，尽量带根拔起，少伤根须，剪去上部茎叶留 30 厘米高，以防止水分蒸发过多和风吹摇动伤根，这样有利于提高秧苗的成活率，而后用70% 甲基托布津 800 倍稀释液或 50% 多菌灵 500 倍稀释液浸根 10 ～ 20 分钟。当天起苗当天种植，最好选择阴天或晴天的下午移栽。起苗时，如发现有以下类型的马蹄组培苗变异苗应及时除掉。

（1）叶状茎色与众不同，变浅绿色。

（2）分株特强，紧靠母株成丛状分蘖。

（3）地下匍匐茎较细，节间较多较长。

（4）植株细弱直立，茎状叶细小。

（5）病苗、弱苗也应除掉。

3. 定植。定植的时间一般在 7 月中旬至 8 月，定植越早越有利于多分株、多结荸、结大荸。定植得早，苗期生长期长，发苗多，容易过早封行倒伏。定植得迟，生长时间不够，不利于多分株、多结荸。因此要适时移栽。

定植时要选择健壮、无病虫害、无变异的马蹄组培苗秧苗进行移栽。衡量马蹄组培苗壮苗的标准如下。

（1）叶色浓绿，着生于叶状茎基部退化的膜状叶较长，呈紫红色。

（2）叶状茎较少，5～6 根，生长较开张。

（3）秧苗矮壮，苗高 40～50 厘米。

（4）匍匐茎粗壮，节位少，3～4 节。

（5）根系粗壮发达，这种苗有利于定植后早发棵、早分蘖、早分株、早结荸、结大荸。

插植的密度应根据定植的迟早、土壤深浅、田土肥力和定植苗决定，若定植早，发苗时间长的；土层浅，通气性好的；田土肥，管理水平高的；插球茎苗，分株能力强的；新种田块或与旱地作物轮作的，以及有利于马蹄分蘖分株的则应稀植，株行距（50～55）厘米 ×（55～60）厘米，亩栽 2000～2500 株。若定植迟，发苗时间短的；土层深，通气性差的；田土瘦，管理水平差的；插分株苗，分株能力差的；连作田块或与水稻轮作的，以及不利于马蹄分蘖分株的则应密植，株行距（40～45）厘米×（45～50）厘米，亩栽3000～3700株。如果插植得密，马蹄苗封行过早，容易造成徒长，不但影响光合作用，制造的光合产物少，满足不了球茎生长所需要的养分，而且影响通风透光，造成田间湿度过大，容易感染病虫害。另外，马蹄苗过密，茎秆软弱，抗倒伏能力差，一旦被风吹雨打，容易倒伏。如果插得稀，马蹄苗在分蘖分株期发苗不够，单位面积的苗数少，马蹄结球不多，也影响产量，因此，合理密植是提高产量的关键。

　　插植的深浅也应根据分株能力而定，有利于马蹄分蘖分株的田，如浅泥田、沙泥田应深插，插到犁底层，插得早的也应深插，入土10～12厘米。相反，不利于马蹄分蘖分株的田则应浅插，如深脚田、冷浸田、烂泥田，插得迟的田也应当浅插，入土6～8厘米。如果插植太浅，会引起无效分蘖分株过多，封行过早，影响通风透光，地上部分提前衰老，地下部分结球少而小。插植过深，则对分蘖分株不利，进而影响产量。插植时，要顺手将根旁泥土抹平，使秧苗的根须与土壤间不留空隙，利于秧苗生长，插完后回一层土壤定根，浅水促进成活。

移栽定植

四、田间管理

1.追肥。马蹄生长期短，且整个生育期全是营养生长过程，需肥量大，在施足基肥的基础上，要多次追肥才能保证根系发达，叶状茎抽出迅速，分株苗健壮浓绿，马蹄球茎结得又多又大。肥料以有机肥为主，速效性化肥为辅，注意合理搭配增施磷、钾肥。追肥要根据不同生长时期对肥料的需求不同而不同。马蹄分蘖分株期主要满足苗生长所需要的养分，要求有充足的氮肥，但又不能偏施氮肥，否则会造成茎秆软弱徒长，容易倒伏。进入分株盛期，要看苗施肥，若生长势太旺，分蘖发苗过多，应停止施肥，否则会导致提前封行，通风透光条件差，影响光合产物的形成，造成严重病虫害；若生长势差，分蘖发苗过少，则应补施适量的肥料，以达到合理的群体结构。结荠膨大期，不宜多施氮肥，而是以磷、钾肥为主，磷有利于根系的生长和球茎的形成与膨大，钾有利于淀粉的合成、运输与积累。施肥不能施用过多化肥，也不能施得太迟，否则会降低马蹄品质，不耐贮藏。因此，栽培马蹄总的施肥原则是前期施适量氮肥，不能偏施氮肥，促进幼苗返青早生快发，中后期以磷、钾肥为主，不能缺少磷、钾肥，特别是进入结球期，缺磷会导致根系早衰，缺钾会导致球茎不够充实。种植多年的马蹄田容易缺少微量元素，如硼、锌、铁、镁等，容易造成黄尾，应适当给予补充。

追肥应掌握"前稳、中控、后攻"的原则，根据不同时期的生长发育状况进行施肥。

（1）分蘖肥。组培苗定植 7～10 天后为返青期，此时进行第一次施肥，以速效肥为主，每亩用复合肥 10 千克或尿素 5 千克，硫酸钾 5 千克浇兜。

（2）分株肥。随着叶状茎的生长，分蘖分株不断发生，定植后 15～20 天，结合田间耕耘除草，每亩施复合肥 15 千克或施尿素 7.5 千克加硫酸钾 7.5 千克。

（3）壮苗肥。9 月初，马蹄苗进入分蘖分株高峰期，应看苗施肥，生长势旺、发苗过多的田可不施肥，生长势弱、发苗不够的田可每亩施入硫酸钾复合肥 15 千克，腐熟麸肥 50～75 千克。

（4）结荠肥。9 月 20 日左右，马蹄苗从分蘖分株地上部生长转入到地下部生长，匍匐茎斜下生长，先端膨大结荠，亩施硫酸钾复合肥 15 千克。

（5）球茎膨大肥。10 月初，马蹄进入膨大期，需肥最多。为了满足球茎的生长，要施以钾为主的复合肥，每亩施硫酸钾复合肥 25 千克。霜降前视苗的生长情况补施一次膨大肥。

施肥应结合管水进行，薄水田可多施，浅水田应少施，且根据不同的泥土酌情施肥，沙泥田、浅泥田应少施多次；大土泥田、深脚田可多施。

2. 管水。马蹄作为水生植物，一年都不能缺水，干旱缺水容易造成叶状茎生长矮小，分蘗和分株不旺，结球个小，肉粗皮厚质差。水位过深，容易造成叶状茎徒长，茎秆软弱，遭风吹雨打容易倒伏，结球延迟，球茎不充实，不耐贮运。因此在水的管理上，应根据各生长期及施肥的不同而稍有区别，宜采用浅水移栽，深水回青，薄水分蘗分株，深水结荠膨大，湿润成熟的管水方法。

采用浅水移栽，防止浮苗。移栽时正值 7 月中下旬高温伏旱季节，气温常达 30 ～ 35℃，缺水易使地表温度升高而灼伤幼苗，因此，必须在栽后立即灌水促苗回青，保持水深 5 ～ 7 厘米，以降低土温，促进根系生长和分蘗发苗。

回青后宜用浅水灌溉，薄水分蘗分株，保持水层 2 ～ 3 厘米，以增加土壤含氧量，促进根须生长，早分蘗分株。8 月下旬开始大量发生分蘗分株，可短期适度露田，马蹄适度露田的好处：一是防徒长，二是增加土层含氧量，三是促进肥料分解，四是促进根系生长，五是促进匍匐茎的生长。在施分株肥和结荠肥前可短期脱水露田，露田的标准是用脚踩有脚印而泥不沾脚，待有细裂缝时应立即灌深水，灌水后两天再施肥。

中后期够苗封行后，结荠膨大期宜保持深水层，以 6 ～ 8 厘米水深为宜，以控制地上部分无效分蘖的生长，降低土壤温度，促进匍匐茎斜下生长，使匍匐茎先端早膨大结荠。尤其是重施肥后要保持 7 天深水层，以防水少肥多出现肥害。

后期停止施肥后半个月，可采用浅水勤灌的湿润管水方法，以干湿交替、湿润灌溉为主。应经常灌"跑马水"，水层降到 2 ～ 3 厘米，当马蹄苗开始转黄时应放干水，保持土壤湿润即可，这样既可达到以水调气，以水调肥的目的，又能有效地排出土壤中的有毒物质，促进光合产物向球茎传输，以满足后期果实膨大成熟的营养需要，使马蹄增色味甜，达到果多、果大、高产、质优的目的。

第三节　马蹄组培苗病虫害防治

一、秆枯病

随着荔浦市马蹄连年种植，秆枯病的为害日益严重，已成为制约荔浦市马蹄生产发展的主要障碍。据调查，每年发生的秆枯病病田率在 30% 以上，病秆率一般为 15% ～ 30%，严重的达 60% 以上，罹病田球茎少而小，产量下降且品质变劣，通常减产 15% ～ 25%，发病早而重的田块，损失达 50% 以上。

1.病害症状。主要为害叶鞘、茎叶、花器等部位，球茎不染病但表面带菌。茎秆染病，病斑初呈水渍状暗绿色病斑，病斑形状主要呈梭形，也有呈椭圆形和不规则形，后变为褐色，周围枯黄色，病部凹陷，其上着生黑色小点，病斑可互相发展成不规则形大斑，病斑组织软化，茎秆容易倒伏。

2. 病原菌及来源。据报道，该病由马蹄柱盘孢菌所致，其初侵染源主要是带菌种球茎育成的病苗和遗落田中的带菌球茎自生病苗。病苗率为 10% ～ 50%，因不同年份和不同地区而异。田间堆垛内病秆上的病菌可存活一年以上，也是苗床和大田秆枯病主要的多批次初侵染源。无病区的传播则是由带菌种球茎或病苗上市流通所致。带病的野马蹄也可成为重要的初侵染源之一。

3. 发病时间。该病每年从 6 月下旬至 7 月育苗期间即可显症，移栽本田返青后的 8 月上中旬便进入病害初发阶段，9 月上中旬至 10 月上中旬盛发，此期正值荸苗旺长至结荸及球茎形成膨大的初期。在这一时段内如气候条件适于病害流行，则可导致马蹄严重减产。

4. 与气候因素的关系。

（1）温度。该菌生长以 20 ～ 30℃最适宜，据荔浦市气象资料显示，每年 7 ～ 10 月气温一般都为 20 ～ 30℃，均适于病菌生长繁殖。

（2）湿度。马蹄封行后田间相对湿度都在 80% 以上，基本能满足孢子萌发的需求，如此期再遇雨日多、降水量大、雾露重的天气，则对病害的扩散蔓延更加有利。

5. 与栽培措施的关系。栽培管理粗放、种植过密、封行早、株间荫蔽、通风透光不良、植株生长差的田块，发病早而重；在肥水管理方面，有机肥缺乏、底肥不足、早期偏施大量氮肥，都可能造成株间郁闭、茎叶柔嫩，加之大水漫灌、串灌或遭洪涝灾害，削弱了植株的抗逆力，易诱致病害严重流行。此外，连作的发病田及沿河两岸的沙土田，马蹄受秆枯病为害都较重。

6.防治方法。依据本病初侵染源主要是带菌球茎和田间堆垛病秆，病菌以分生孢子经风雨和灌溉水传播到健荠秆上实现再侵染的为害特点，对该病应采用以农业防治为基础、化学防治作保证的防治策略，以压低菌源基数，减少初次侵染源。

（1）处理病秆。采挖球茎前，收割荠秆，无病的集中堆放作牛饲料，病田尤其是重病田荠秆应烧毁，沤肥的需经高温发酵充分腐熟。未及时销毁的病秆，在翌年育苗前一定要处理完毕，处理不完的堆垛可用烂泥糊封或移置室内，同时铲除带病野马蹄及自生苗。

（2）种球茎消毒及苗床喷药防治。马蹄播种前需再行选种，淘汰劣质球茎后用50%多菌灵可湿性粉剂500倍稀释液浸种12～24小时，出球茎后即可播种。如苗地发现病害，可选用苯醚甲环唑、丙环唑、戊唑醇进行防治。移植前3～5天再喷淋1次送嫁药，把病菌消灭在未萌芽状态，以推迟田间发病时间。定植时注意剔除病苗、弱苗。

（3）农业防治。一是选用抗病品种，实行轮作，特别是头年发病的田块要实行三年以上的轮作。二是加强施肥管理，多施农家肥、有机肥、麸肥，氮、磷、钾肥合理搭配，前期分株以高氮复合肥为主，后期结荠以高钾复合肥为主。三是合理密植，插植的密度根据定植的迟早、土壤深浅、田土肥力和定植苗决定，定植早、土层浅、田土肥，球茎苗、新种田块应稀植，反之，定植迟、土层深、田土瘦，分株苗、重种田则应密植。四是在水肥管理上，湿润育苗，浅水移栽，寸水返青。薄水（5～7厘米水层）分蘖分株，够苗封行后，应灌6～8厘米水层控苗，除非是生长过旺、株间郁闭、茎叶柔嫩的田块，一般不能排水露田。待球茎基本定型后保持土壤湿润直至收获。同时应避免大水串灌、漫灌，并及时排除洪涝渍水，以提高植株的抗病力，减少病菌随水流散播传染的机会，降低因受病造成的损失。有条件的地方还应进行2～3年轮作。

（4）药剂防治。秆枯病在发病前应提早喷药保护，隔10天用药1次，直到发病高峰期过后停止，注意雨前、雨后用药保护。封行后要注意检查，发现病斑应及时喷药，3～5天喷药1次，连喷3～4次。药剂可选用苯醚甲环唑、丙环唑、戊唑醇、氟硅唑、氟环唑等互相交替或混合使用。

二、白粉病

1.病害病状。该病属真菌界子囊菌，主要发生于叶状茎上，花器也可染病，从苗期至收获期均可染病，发病初期叶茎上产生白色近圆形星状小粉斑，老熟变为黄色，并造成茎部发黄，后向四周扩展成边缘不规则的白粉斑块，病斑上出现黑色坏死斑点，严重时布满整条茎秆，造成茎秆早枯。

2.发病条件。与马蹄秆枯病发生条件相似，也是在高温多湿的条件下容易发生，同时偏施氮肥，缺少有机肥、磷钾肥，过早封行、串灌漫灌的田块发病严重，该病容易与秆枯病伴发。

3. 防治方法。用药除与秆枯病药相同外，还可选用三唑酮、腈菌唑、硫黄、多菌灵、醚菌酯等交替使用或与秆枯病的药混合使用。

三、枯萎病

枯萎病俗称"马蹄瘟"，是荔浦市近几年主要的马蹄病害。随着马蹄连年成片种植和远距离调运引种，这种病害日趋严重，因此，我们必须警惕该病的发生并注意防治。

1. 病害症状。主要表现为霉蔸死苗，由马蹄转化型尖镰孢菌侵染引起，属半知菌亚门真菌。为害部位主要是根茎部，此病从播种至收获均可感染，导致马蹄烂芽、苗枯和球茎腐烂。苗期或成株染病，茎基部及根系变黑腐烂，导致地上部分植株青枯或斑枯，逐步全株枯黄死苗，球茎染病荠肉变黑褐腐烂，严重时植株倒伏枯死。

2. 病菌来源。病菌以菌丝体潜伏在马蹄球茎上越冬，并可随球茎调运进行远距离传播，带菌种球和带病土壤是病害发生的初侵染源，病菌可在土壤中存活 2 ～ 3 年，条件适宜即可发病。

3. 发病条件。在高温高湿条件下，以及深水灌溉、串灌、施氮过多，不施农家肥，土壤偏酸均可导致病害发生和扩散。钻心虫为害造成伤口感染容易发病，头年发生过该病的重种田块或种植带病种苗也容易发病。7 月下旬开始发病，8 ～ 9 月盛发。随着连作年限的增长，连作田块病菌积累增加，发病也不断加重。

4. 防治方法。

（1）选用马蹄组培苗或无病种球做种，严禁到病区引种。

（2）发病田块实行间隔 2 ～ 3 年的轮作。

（3）科学管水：马蹄田做到排灌分开，开好背水沟，防止串灌、漫灌，以防病菌随水流扩散。适度晒田，以表面硬、不开裂为标准。

（4）球茎和荸苗消毒：用 50% 多菌灵 600 倍稀释液在育苗前浸种 18 ～ 24 小时，移栽前进行苗床浇灌或浸秧根带药移栽。

（5）大田消毒：大田翻耕时，先每亩施生石灰 50 ～ 100 千克，7 ～ 10 天后用多菌灵 0.5 千克、硫黄 1 千克、敌克松 1.5 千克，兑 20 倍细土撒施。选用重茬剂每亩施 10 千克，20 天撒 1 次，连撒 2 次，可有效控制枯萎病的发生。

（6）药剂防治：生长期及时检查，发现病株及时喷药保护，可选用恶霉灵、乙蒜素、多·福·硫可湿性粉剂、多粘芽孢杆菌等喷施，配药时加入微肥促根剂，促进根系生长，提高抗病能力。不同的药剂可交替使用。施药时应把田中水排浅排干，可有效控制该病发生。

四、马蹄要害——花心

马蹄花心主要由施用井冈霉素或含有井冈霉素的复配药肥而引起。防治方法：购买农药肥料时，不要用药肥合一、成分不明、含量不明的复混药肥，更不能用井冈霉素或含有井冈霉素的复配药肥。

马蹄花心

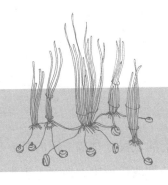

第一节　采收

一、采收时间

马蹄地下匍匐茎先端膨大形成球茎，一般在 70 天后达到最大，此时就可以食用了，如果有需求也可以采收，但因为尚未完成转色，采收上来的马蹄是白色的，荔浦人称之为白马蹄。白马蹄最早在 10 月初采收，皮白肉嫩，不能贮藏，只能尽快削皮加工，产量也较低，亩产只有 1000 千克左右，因有市场需求，价格高，也可达到较好的经济效益。

立冬以后，马蹄地上部分陆续枯黄，地下球茎趋于成熟，冬至达到最大产量和最佳品质。因此，马蹄最佳采收时间为冬至至翌年立春（2 月 4 日），过早或过迟采收都影响其品质和贮藏。

二、采收方法

选择晴朗天气采收，尽可能避免机械损伤。采收后，剔除有病害的球茎，大、中、小和破损球茎分级晾晒，同时可以选择无病田块留种或发病轻田块中的无病苗球茎留种。

三、采收工具

（一）人工采收

挖马蹄是一项技术活，荔浦农民挖马蹄，用的是一种手工把。手工把由过去耕牛拖的把改进而来，拓宽了把齿，减小了把的宽度，去除了扶手上的横杆。现在的马蹄手工把宽80厘米，5齿，每次可以翻出30厘米×80厘米的完整土块，形成一个60厘米×80厘米的工作面。先把把垂直向下插到硬底层（大部分的马蹄都在硬底层），然后把整块土块撬动，再整块向前翻个底朝天，翻的过程必须保持土块的完整，碎了散了，土块都翻不过来，这样会影响下一步的捡马蹄工作。捡马蹄用的是一种大约只有两指宽的专用小铁锹，从翻开的土块及硬底层中找到马蹄并挖出来，如种植过程中晒田到位，大部分的马蹄都集中在土块及硬底层的表面，基本上都会露

人工采收

出来，肉眼可见，只需把小铁锹小心地插到马蹄后面的泥块中，隔着泥土把马蹄撬出来就可以捡到，不需要把所有的泥块都弄散。因为深层基本没有什么马蹄，所以马蹄种得好不好，直接看挖完马蹄的田面就知道了，种得好的马蹄田，采收完之后，整块田还是一行一行的，就和刚犁过一样。

　　挖出来的马蹄按大小及受损情况分别轻放入不同的盆中（一般是3个盆），不同级别的马蹄分开晾晒，再运回家里贮藏。一亩马蹄需要20～30个人工才能采收完，如果流转土地租种几十亩甚至几百亩的，就需要雇很多人工。有人就在小型挖掘机的抓斗上挂一个定制的齿耙来代替人工翻土，后面跟几十个人捡马蹄，大大加快了马蹄采收的进度，提高了工作效率。

马蹄采收工具——手工耙

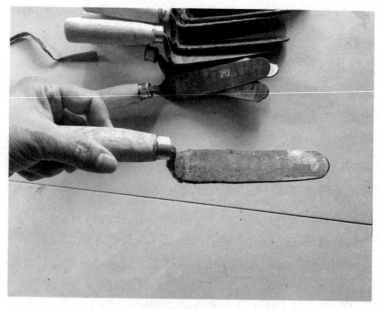

马蹄采收工具——小铁锹

（二）机械采收

由于人工采收马蹄费工费时，严重制约了马蹄产业的发展，因此不断有人想方设法研究马蹄的机械化采收。在山东、江浙一带已有利用高压水冲散土壤分离出马蹄的采收机械，2014 年荔浦县农业局曾用山东某农业机械有限公司由莲藕挖掘机改进而来的马蹄挖掘机试验挖收马蹄，此机器可以完整地把马蹄挖收上来，速度快，大约 8 小时挖 1 亩，但仍存在一些问题：一是马蹄田需淹水 25 厘米以上才能挖收，目前的马蹄种植田很难达到要求；二是马蹄茎叶和马蹄分离效果不好；三是在水下作业看不清马蹄是否捡干净等。

2016 年淮安某农用机械有限公司生产的马蹄联合采收机

和 2017 年丹阳发明的马蹄采集机，都是利用土壤液化原理使
沙壤土液化，从另一个角度提出了一套适用于水田作物的机
械挖掘、筛分的流程。但由于桂林周边冬季干旱缺水，因此
这些机械并不实用，无法在桂林推广。而在北方，旱地栽培
的红薯、马铃薯都实现了机械化采收，无论是大型还是小型
的机械，都完全代替了人工。显然马蹄水栽旱收的机械化进
程还有很长的路要走。广东汕头有一位老师傅前些年想出在
水田中先铺设塑料片限制马蹄深入土层，采收时用机械卷收
塑料片就可以破碎泥土、分离出马蹄，此外，土工膜在莲藕
的栽培上得到大规模运用，实现了不具备水生蔬菜栽培条件
下的莲藕人工栽培，也许这些会成为今后马蹄机械化生产的
发展方向。

机械采收

第二节　贮藏

一、自然堆放贮藏

荔浦的青山镇大明村一带，有着得天独厚的气候环境，对马蹄的贮藏十分有利，不但能够利用家里的自然条件将马蹄常温贮藏一年时间，而且达到保鲜效果。荔浦农家把马蹄收回来，短期一两个月就想出售的，只需简单地准备一个专门的房间，先在地上垫一层柔软的胶皮，然后从房间的一角开始把马蹄倒在地上，以后每天慢慢往上加，最后在上面盖上透气的旧床单、旧被套等。如马蹄量大，或者专门收购回来长期贮藏的，要选择通风透气的房间，先用砖围成一个高1米左右的池子，池底放厚度为5～7厘米的干净

马蹄堆藏

细沙，细沙以捏紧成团，松手散开的湿度为宜，池四周内壁围薄膜，然后将马蹄倒在细沙上，堆至50～80厘米高时，立放若干个用竹篾编成的通气筒，利于马蹄呼吸透气，减少马蹄腐烂。堆满马蹄后，最上面仍需覆盖一层透气的织物以保持湿度。

二、常温袋藏

农家自己采收的马蹄，在田间就地晾晒，去除多余的水分，并经仔细挑选，清除挖坏、碰伤的马蹄，按大小分级，用外层为塑料薄膜的编织袋装好，开口向上用报纸盖住，放在阴凉的房间能贮藏数月之久。

马蹄袋藏

三、低温贮藏

有条件的可以进行冷库贮藏，当处于温度 0 ～ 2℃、相对湿度 90% ～ 100% 的贮藏环境下，马蹄的保鲜期可达 10 个月，在 5℃以下贮藏保鲜期可达 6 ～ 8 个月。

第三节　加工

一、清洗

马蹄从田里挖出来，一般都附着一些泥块，必须清洗干净后才能加工，挖坏破损的马蹄一般在回家之前就装入用绳子编成的网袋中，放在水中浸泡，经多次翻滚、摩擦，原来附着在马蹄上的泥土就可以清洗干净了。洗净后的马蹄一般在当天或次日削好皮，用干净的井水浸泡，待削好皮的马蹄达到一定数量，才集中销售到加工厂进行加工。

马蹄清洗网

马蹄清洗后

二、去皮

去皮是马蹄生产中的重要一环，采收过程中受损的马蹄，必须当天削好皮并泡在干净的井水中。虽然马蹄相关的去皮机械不断被发明并投入应用，但是目前荔浦农民仍主要采用手工去皮。与机械去皮相比，手工去皮主要在品质、得率、成本上有竞争优势。

（一）手工去皮

荔浦农民采用"两面三刀"的马蹄手工去皮方法，一人一天可削50斤左右。削皮分两步：第一步是用一把平直的刀在马蹄上下两端各削一刀，削出两个平面；第二步是用另一把弯形的刀沿马蹄外缘削一圈，把外皮削掉，即削出一个完整的马蹄。削皮马蹄最主要的标准是马蹄两个端面的切入深度，并以马蹄的蒂头芽点去净为佳，因为马蹄中的酚类色素集中于蒂头和芽点，而蒂头和芽点未削净容易导致马蹄在后续深度加工过程中变色。

（二）机械去皮

旋转式无序去皮机利用旋转力学使大小规格不同的马蹄在机舱内做不规则运动，从而达到有效的去皮效果，使马蹄削皮之后表面光滑无凹凸，解决了传统手工去皮劳动强度大和生产效率低的难题，成品率60%～65%（手工去皮成品率65%～70%），加工量每小时30～120千克不等。旋转式无序去皮机的刀盘是一个不锈钢的转盘，上面开十条放射状排列的槽，打磨成刀口，刀盘中心用轴和电动机相连，电动机带动刀盘高速旋转，马蹄在机舱内翻滚，外皮不断被旋转的刀片削切，达到去皮效果。机舱外壁和内壁分别用两个塑料桶改装而成，这样的塑料桶农家基本都有，且可以自己动手制作，方便以后更换，成本极低。操作只需接入家用220V电源，按下电源开关，启动机器，放入适量马蹄，脱皮1分钟左右，外皮去除达到预定程度时，提起出料盖，已削好的马蹄即被放出，用容器接住即可。但旋转式无序去皮机削出的马蹄两端仍需手工用刀削除，所以荔浦市就催生了一个独特的产业——马蹄削皮，一般是先用旋转式无序去皮机把马蹄加工成初成品后再分给村里面的老人，让他们简单削去两端。这些七八十岁的老人还能在村里打工，不仅锻炼了身体，还有一份收入，大家都乐在其中。

机械去皮后

第四节　加工产品

一、马蹄糕

马蹄含有丰富的维生素 B 和维生素 C，清热祛湿解毒，利尿通便，对降低血压有一定效果。马蹄中的磷含量是根茎类蔬菜中最高的，能促进人体生长发育和维持生理功能，对牙齿和骨骼的发育有很大好处，同时可促进体内糖、脂肪、蛋白质三大物质的代谢，调节酸碱平衡，因此马蹄也适于儿童食用。马蹄磨成马蹄粉，粉质细腻，味道香甜。用马蹄粉制作的马蹄糕清甜爽脆，鲜香可口，是岭南传统美食，普通家庭就可以制作。

　　制作过程：先把马蹄加工成马蹄粉，传统的做法是先把马蹄清洗干净，用粉碎机磨浆，然后过滤，过滤过程中要加入清水，把马蹄浆洗出来，最后剩下马蹄渣，过滤分离。把过滤完的马蹄浆水混合物静置一个晚上，让马蹄粉沉淀下来。第二天早上，把上层的水抽干，剩下薄薄的一层即是马蹄粉，将其铲起来，掰成小块放到篮筛中晾晒干，即制成马蹄粉。取马蹄粉加水按1∶6的比例捣成糊状，加入红糖或白糖，蒸熟取出冷却后即成马蹄糕，也可放入冰箱冷却后切成条状食用，风味更佳。

马蹄糕

马蹄糕包装

二、清水马蹄罐头

1.原料选择。选取球径在 3 厘米以上，嫩脆，皮薄，果形均匀，无霉变，无斑点，无发黄的新鲜马蹄，剔除斑点多、有病虫害的次果。

2.清洗。将马蹄倒入清水中浸泡 30 分钟，然后洗去泥沙，用清水漂洗干净。

3.去皮。用小刀削去马蹄的主侧芽和根部，再削去周边外皮，切削面要光滑平整。

4.分级。按马蹄球径大小分为三级。一级 3.5 厘米以上，二级 2.5～3.5 厘米，三级 2.5 厘米以下。

5.预煮。将马蹄按不同级别分别放入水中预煮，在水中加入 0.2％的柠檬酸液，预煮 10～20 分钟，以煮透为度。预煮液可以连续使用 2～3 次，每煮 3 次后要更换新液，并调节预煮液酸度。马蹄出锅时用冷水漂洗 1 ~ 2 小时脱酸，冷却。

6. 装罐。装罐前要检查马蹄是否有残留外皮，切削面是否平整光滑。以大、中、小三级分别入罐，并加入煮开过滤的清水或加入 1.5％ ~ 3.0％的糖液以及 0.05％ ~ 0.07％的柠檬酸。

7. 排气、密封。排气 10 分钟左右，罐中心温度为 85 ~ 90℃。抽气密封时，真空度为 39996 帕。

8. 杀菌、冷却。

清水马蹄罐头初加工

三、马蹄脯

1. 原料选择。选用球茎较大，没有病虫害，没有腐烂变质的新鲜马蹄，剔除腐烂果和次果。

2.整理、浸泡。将马蹄洗净去皮，切成两半，放入2%食盐水溶液中浸泡，取出后用清水冲洗干净。

3.加热。在马蹄中加入冷水，加热到65℃，保持20～30分钟，再加热至沸腾3～5分钟，捞出后冷却。

4.浸泡。将煮液冷却到30℃，再把马蹄放入冷水中浸泡12～16小时，有发酵现象时捞出，洗净表面黏液，放入0.2%的亚硫酸氢钠溶液中浸泡2～3小时。

5.糖渍。将马蹄捞出，进行糖渍。每50千克马蹄加糖30千克，并加入少量的0.2%亚硫酸氢钠溶液，一层马蹄一层糖放置。

6.糖煮。糖渍48小时后，将糖液倒进锅内煮沸，再把马蹄倒入煮15分钟，再倒回缸内浸泡24～48小时。把马蹄捞出，将糖液加热，浓缩到75%～80%时，再把马蹄倒入，煮沸20～30分钟。当糖液呈黏稠状时即可出锅。

7.冷却、烘干。将马蹄移入盘中，用吹风机冷却，翻动几次，再将其烘干至含水量6%～18%，即成马蹄脯。